KB141181

잘 먹어도 쏙 빠지는

초간단
키토
레시피

잘 먹어도 쏙 빠지는 초간단 키토 레시피

초판 1쇄 발행 2023년 7월 10일
초판 3쇄 발행 2023년 12월 20일

지은이 이영훈, 최선미
펴낸이 이인경
총괄 이창득
요리 감수 만개의 레시피 콘텐츠팀
편집 최원정
마케팅 서진수
디자인 유어텍스트

펴낸곳 ㈜만개의 레시피   **주소** 서울특별시 금천구 가산디지털1로 145, 1106호
전화 070-4896-6416   **팩스** 02-323-5049   **이메일** help@10000recipe.com
홈페이지 www.10000recipe.com   **인스타그램** @10000recipe
유튜브 www.youtube.com/c/10000recipeTV
네이버TV tv.naver.com/10000recipe   **페이스북** www.facebook.com/10000recipe

출판등록 2022년 7월 19일

사진 박형주(Yul studio)
푸드 스타일링 오정화, 정지원
요리 손모아, 박소현, 이인선
인쇄 ㈜홍인그룹

ISBN 979-11-964370-9-1 13590

ⓒ 이영훈·최선미, 2023

이 책은 저작권법에 따라 보호를 받는 저작물이므로 무단 전재와 무단 복제를 금지하며,
이 책 내용의 전부 또는 일부를 이용하려면 반드시 저작권자와 ㈜만개의 레시피의 서면 동의를 받아야 합니다.

• 잘못된 책은 구입한 곳에서 바꾸어 드립니다.
• 책값은 뒤표지에 있습니다.

잘 먹어도 쏙 빠지는

· 이영훈, 최선미(메이) ·

초간단 키토 레시피

한국인 입맛에 딱 맞는
저탄수 다이어트 요리

만개의레시피

Prologue

저는 어릴 때부터 비만이었고, 여러 종류의 다이어트를 전전하며 체중 감량과 악성 요요를 무한정 되풀이했습니다. 그 과정에서 내 몸을 혹사시키는 굶는 다이어트가 얼마나 헛된 일인지 깨달았지요. 그러다 키토식을 만났고 실제로 굶지 않고도 20kg 체중 감량에 성공하고 건강을 회복하는 놀라운 경험을 하였습니다. 이 '건강한 다이어트'를 MBC 다큐멘터리 〈지방의 누명〉 등 여러 매체를 통해 대중에게 알리며 여러 환자의 치료에 적용한 지도 어느덧 7년이 되었네요.

키토 식단에 대한 가이드를 만들기 시작한 것은 2016년부터였습니다. 보다 많은 분들과 공유하기 위해 네이버 카페 '저탄고지라이프 스타일'을 만들어 키토식의 효과적인 방법과 이론들을 소개해 왔습니다. 2019년에는 그동안의 키토 이론과 식단 가이드에 관련한 심화 지침 등을 정리한 《기적의 식단》을 출판해 긴 시간 많은 사랑을 받았습니다. 그런데 여전히 제가 가장 많이 듣는 질문은 "그래서, 뭘 어떻게 요리해 먹어야 하나요?"였습니다. 정말 많은 키토 음식을 소개하고, 또 키토식 상담을 해오고 있지만, 저 역시 요리를 잘하는 사람이 아니다 보니, 이 질문에 대해 대답을 드리는 것에 금방 한계를 느끼고는 했습니다. 그러다 저보다 키토식을 훨씬 오래 해왔고, 키토식을 대중에게 알리기 위한 여러 일들을 함께했던 키토 고수, 최선미(메이) 영양사님과 함께 이 책을 내게 되었습니다. 그리고 처음에 기획했던 것보다 훨씬 참신한 레시피를 모은 이 책이 세상에 나오게 되었습니다.

그동안 한국에서 많은 키토 레시피 책이 나와 있지만, 소위 키토 전문가 둘이 만든 키토 레시피 책이니만큼 많은 분들이 관심 가져주시면 좋겠습니다. 이 책으로 즐겁고 간편하게 다양한 키토 요리를 즐기시고, 건강한 삶을 이어나가시길 바랍니다.

이영훈

많은 사람들이 '키토식은 어렵다.' '저탄고지를 하기 전 많은 공부가 필요하다.'고들 합니다. 이런 이야기를 들을 때마다 아쉬운 마음이 많았습니다. 지방을 많이 먹어야만 살이 빠진다고 잘못 알고 있거나, 키토 식단을 제대로 하기 위해서는 큰 마음을 먹고 가지고 있는 많은 식재료를 버리고, 새로운 식재료를 사야만 할 수 있다고 오해하는 분들을 만나면 안타까운 마음이 들기도 했고요.

키토식은 탄수화물 섭취량을 줄이고, 양질의 식재료를 통해서 영양과 에너지를 섭취하는 식단입니다. 그 시작은 탄수화물을 줄이고자 하는 작은 움직임부터이고요. 오늘 저녁 식사에서 밥을 반으로 줄인다면 여러분은 키토식을 시작한 것입니다.

저는 거창하게 시작해서 짧고 굵게 하는 다이어트 식단보다는 잔잔하게 오래오래 유지하는 식단이 좋은 식단이라고 생각합니다. 힘들이지 않고 쉽게. 종점을 기다리는 것이 아니라 과정을 즐기는 마음으로 키토식을 만나셨으면 좋겠습니다. 그리고 키토식을 즐기는 여정 속에서 "오늘 뭐 먹지?"라는 숙제의 답을 이 책을 통해 쉽게 찾으셨으면 좋겠습니다. 건강과 행복이 함께하는 키토 라이프를 하루하루 즐기시길 진심으로 응원합니다.

최선미(메이)

✦ 차례 ✦

BASIC GUIDE

든든한 한 끼로 충분한 **고기 요리**

우삼겹 숙주볶음 54	LA갈비 56	살치살스테이크 58	햄버거스테이크 60
소불고기 62	몽골리안비프 64	부채살 압력수육(희수육) 66	아롱사태수육과 육수 68
아롱사태수육무침 70	아롱사태수육전골 72	간장양념목살 74	콩나물불고기 76
돼지제육볶음 78	감자 없는 감자탕 80	순대부속볶음 82	돼지갈비찜 84
삼겹살 꽈리고추볶음 86	삼겹살수육 88	닭정육오븐구이 90	닭다릿살 대파구이 92

닭볶음탕

간장찜닭

닭날개구이

양큐브살 샐러리구이

94

96

98

100

양제비추리구이

102

2

면이나 밥이 생각날 때 먹는 **한 그릇 요리**

곤약면 투움바파스타

두부면 라구소스파스타

두부면 해물짬뽕

매운닭볶음면

106

108

110

112

곤약비빔면

곤약짜장면

곤약밥

곤약새우볶음밥

114

116

118

119

태국식 그린커리

인도식 치킨커리

어묵곤약떡볶이

콜리플라워 김치볶음밥

120

122

124

126

콜리플라워 달걀볶음밥

아보카도 낫토비빔볼

128

130

3

언제나 부담 없이 후루룩 **국물요리**

김치찌개

된장찌개

수육 된장찌개

시래기 된장국

134

136

138

140

냄새 없는 청국장찌개

간편 수육국밥

채소사골스프

소고기뭇국

142

144

146

148

해장국

3분 황태국

매생이굴국

달걀미역국

150

152

154

156

어묵탕

158

4

365일 곁들여 먹기 좋은 **반찬**

도가니볶음

돼지껍데기편육(돈피묵)

돼지껍데기볶음

콜리플라워퓌레

162

164

166

168

에그마요

뚝배기 달걀찜

치즈 달걀프라이

감자 없는 감자사라다

170

172

174

175

가지 굴소스볶음	굴림만두	참치 채소동그랑땡	소시지 채소볶음
176	178	180	182

스팸달걀말이	대구전	애호박 새우전	배추전
184	186	188	190

임연수간장찜	데리야끼 가자미구이	고등어구이	갈치조림
191	192	194	196

새우버터구이	전복버터구이	통오징어 버터구이	연어장
198	200	202	204

반찬 걱정 끝! **밑반찬**

나박물김치 208

초장겉절이 210

무생채 212

양파장아찌 214

당근라페 216

사우어크라우트 217

오이딜피클 218

샐러리피클 220

일본식 채소절임 221

바쁜 아침, 후다닥 만드는 **도시락**

당근김밥 224

양배추김밥 226

달걀지단김밥 228

라이스페이퍼만두 230

7

외식처럼 분위기 좀 내볼까? **이색요리**

새우 해초샐러드 **256**
광어세비체 **258**
스페인 문어구이 **260**
육전과 초장겉절이 **262**

시금치 크림소스오믈렛 **264**
감바스알아히요 **266**

8

가볍게! 스타일리시하게! **브런치**

자투리프리타타 **270**
키토 하울정식 **272**
버섯 크림스프 **274**
스테이크샐러드 **276**

연어샐러드 **278**
카프레제샐러드 **280**
양배추 달걀피자 **282**
제로또띠아피자 **284**

크림치즈오이

285

9

키토 음료와 디저트 시크릿 레시피 **키토 홈카페**

방탄커피
288

방탄말차
290

코코넛밀크 핫초코
291

애사비워터
292

생크림 키토푸딩
294

팻밤
296

차플
298

구름빵
300

전자레인지 90초빵
302

땅콩버터 전자레인지 90초빵
303

초코 전자레인지 90초빵
304

심플티라미수
305

내 몸을 바꾸는 저탄수 식단

살 찌는 체질로 바뀌어 가는 과정

"다이어트로 겨우겨우 6킬로를 뺐는데 요요가 오더니 점점 더 살이 찌고 있어요. 오히려 이전 몸무게를 넘어섰고요. 다시 칼로리를 조절하고 있는데 살이 거의 빠지지 않아요."

다이어트 좀 해봤다는 사람 치고 이런 이야기에 공감하지 않는 분은 없을 거예요. 왜 살을 빼도 다시 원래대로 돌아오거나 더 찌는 일들이 반복되는 걸까요?

우리 몸은 수학 문제처럼 간단하지 않아요. 4만큼을 먹고 5만큼 소비한다고 1만큼의 체중이 줄어드는 것도 아니고요. 굶으면 몸은 위기 상황이라고 생각하거든요. 그래서 굶으면 우리 몸은 절전 모드로 바뀝니다. 그리고 탄수화물에 더 집착하게 되죠. 단백질이나 지방보다 혈당을 빨리 올려줄 수 있는 탄수화물을 찾게 되는 거예요.

적게 먹는 다이어트를 하면 몸은 언제 닥칠지 모르는 기아에 대비해 섭취한 영양소를 쓰지 않고 여기저기에 지방으로 저장하는 데 급급한 상태가 됩니다. 혹독한 저칼로리 다이어트 이후에 폭식을 하면 평상시보다 더 살이 많이 찌는 이유입니다. 살이 잘 찌는 체질로 바꾼 것이죠.

칼로리 계산은 이제 그만!

단순하고 극단적인 방법으로 살을 쏙 빼는 것은 머리로 생각하기에는 매력적이고 행복한 방법입니다. 하지만 몸의 입장에서는 매우 폭력적인 방법이 아닐 수 없습니다. 우리의 몸은 생각보다 똑똑해서 갑작스러운 변화에 반란을 일으키고 발 빠르게 대응하기 때문입니다.

그래서 건강한 다이어트를 하기 위해서는 우선 칼로리를 계산하는 습관을 없애야 합니다. 즉 '칼로리 높은 음식 = 살이 찌는 음식'이라는 단순 공식에서 벗어나야 합니다.

'적게 먹고 운동하면 살이 빠진다.'는 논리는 전제부터 잘못된 것입니다. 살은 잘 먹어야 빠집니다. 영양가 있는 음식을 먹어서 신진대사율을 올리고, 어긋난 호르몬의 기능을 바로잡고, 몸속의 염증을 줄여야 살이 빠집니다. '음식을 제대로, 잘 챙겨 먹는 것'이 몸의 흐름을 바꾸는 지속 가능한 다이어트의 전제조건입니다.

살이 찌는 원인은 과잉 탄수화물

자극적인 음식의 유혹은 매 순간 찾아오지요. 오늘도 바쁜 삶과 스트레스는 우리의 밥상을 더욱 달고, 더욱 맵게 만들고 있습니다. 중독되기 쉬운 자극적인 맛으로 스트레스를 해결하려 하기 때문인데요. 매운 음식 안에는 엄청난 양의 설탕이 들어있다는 사실을 알고 계시나요? 감칠맛이라고 포장하지만 우리 몸을 살찌게 하고 병들게 합니다. 설탕뿐 아니라 빵이나 밥과 같은 고탄수화물 음식이나 단 음료 등 단 것을 즐기게 되면 살찌는 체질로 점차 변하게 됩니다. 살이 찌는 원인은 바로 '과잉 탄수화물'이라고 해도 과언이 아닙니다.

탄수화물을 많이 먹으면 생기는 비극

우리 몸은 달라지는 변수에 대처하는 훌륭한 시스템을 가지고 있습니다. 혈액의 포도당 수치가 정상 이상으로 올라가거나 내려갈 때도 우리 몸은 정상으로 조절하기 위해 호르몬을 분비합니다. 바로 혈당 수치를 내리는 인슐린과 혈당 수치를 올리는 글루카곤인데요.

인슐린은 췌장에서 생성되는 호르몬으로 혈당(포도당)을 세포로 넣어 에너지원으로 사용하게 하고, 에너지로 쓰이지 못하는 잉여 혈당을 지방으로 저장시키는 역할을 합니다. 때문에 '지방 저장 호르몬'이라는 별칭을 가지고 있기도 하지요. 반대로 혈당 수치가 떨어져 저혈당 상태가 되면 글루카곤 호르몬이 분비되어 간에 저장된 글리코겐을 포도당으로 분해하여 혈액으로 보냅니다.

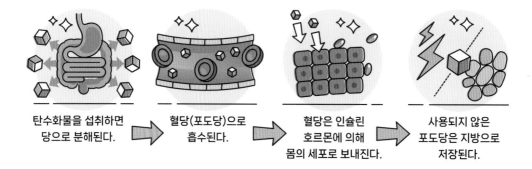

탄수화물을 섭취하면 당으로 분해된다. → 혈당(포도당)으로 흡수된다. → 혈당은 인슐린 호르몬에 의해 몸의 세포로 보내진다. → 사용되지 않은 포도당은 지방으로 저장된다.

만약 탄수화물을 지나치게 섭취하면 어떻게 될까요? 포도당은 처치 곤란 상태가 되고 인슐린이 많이 분비됩니다. 포도당을 근육과 간에 저장하고도 남으면 포도당을 세포로 보내는데, 피하지방으로 저장되면 살이 찌고, 내장에 축적되면 내장지방, 간에 쌓이면 만병의 근원인 지방간이 되는 비극이 발생합니다.

과잉 탄수화물이 부르는 인슐린 저항성

설탕, 정제된 밀가루, 곡물, 과일 등의 과잉 섭취로 인해 혈당이 급격하게 상승하는 '혈당 스파이크'가 발생하면 혈당을 낮추기 위해 인슐린의 분비가 그만큼 빠르고 강해지게 됩니다. 이런 상태가 계속 반복되고 만성화되면 인슐린이 혈액 속의 포도당을 세포 속으로 넣어주는 역할을 제대로 수행하지 못하는 '인슐린 저항성'이라는 상태에 빠집니다. 인슐린 저항성이 커지면 에너지 생성이 저하되고, 고혈당이 지속되며 지방간과 체지방이 증가하게 됩니다. 그리고 더 악화되면 당뇨병을 비롯한 각종 대사성 질환들이 발생하게 됩니다.

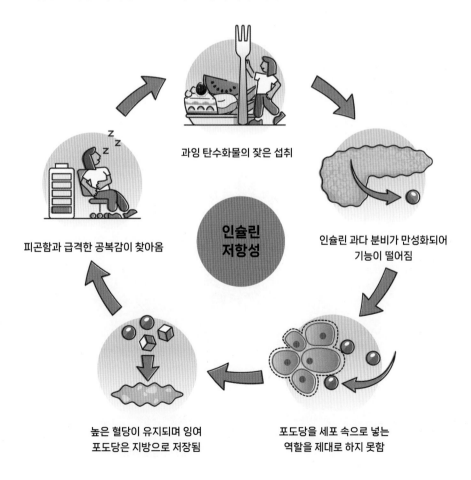

과잉 탄수화물의 잦은 섭취

인슐린 과다 분비가 만성화되어 기능이 떨어짐

인슐린 저항성

포도당을 세포 속으로 넣는 역할을 제대로 하지 못함

높은 혈당이 유지되며 잉여 포도당은 지방으로 저장됨

피곤함과 급격한 공복감이 찾아옴

살찌는 호르몬, 살 빠지는 호르몬

배가 고프다고 느낄 때, 우리는 진짜 배가 고픈 것일까요?

사실 인간은 식욕을 제어할 수 있는 능력을 누구나 가지고 태어났습니다. 바로 식욕조절 호르몬인 '렙틴'과 '그렐린'이 그 역할을 하고 있는데요. 렙틴은 우리 몸의 지방 세포에서 만들어지는 호르몬으로, 포만감을 느끼게 해서 식욕을 억제하고 비만을 방지하는 기능을 합니다. 그에 반해 그렐린은 식욕과 위산 분비를 촉진해 공복감을 느끼게 합니다.

문제는 허기를 느낄 때 그렐린이 제대로 작동하고, 포만감을 느낄 때 렙틴이 제 기능을 수행할 수 있어야 하지만 그렇지 못한 경우가 종종 발생한다는 것이에요. 극단적인 칼로리 제한을 해 공복 상태가 오래 지속되면 배고픔을 느끼게 하는 호르몬이 늘어 배고픔을 자주 느끼는 체질이 됩니다. 수면이 부족하거나 피로가 계속될 때도 배고픔을 부르는 호르몬 분비가 지속되어 음식을 많이 먹게 됩니다.

특히 과당, 정제 탄수화물 등을 과도하게 먹으면 렙틴이 너무 많이 나오게 되고 제대로 작동하지 못하게 됩니다. 즉, 우리 몸에 렙틴 저항성을 유발하여 점점 더 많은 렙틴 호르몬이 있어야만 포만감을 느낄 수 있게 되는 것이지요. 그러면 우리는 더 많은 음식을 먹어야 배부름을 느끼게 됩니다. 반면에 좋은 지방의 섭취는 렙틴의 저항성을 떨어뜨려, 포만감을 오래도록 유지하게 해줍니다.

지방을 태우는 몸 만들기

탄수화물을 줄여 먹어야겠다고 다짐하고 이 책을 손에 든 분들은, 아마 다이어트 실패를 반복하며 힘들게 뺐다가 잔인하게 몸무게가 제자리로 돌아오는 경험을 하셨을 거예요. 저 역시 오만 가지 실패를 했고, 역경과 좌절에서 얻어 낸 방법이 바로 키토식입니다. 키토를 만나고 새로운 인생이 시작되었지요.

인간의 문명이 만들어 낸 정제 당분과 트랜스지방산, 가공식품, 필요 이상의 탄수화물을 섭취하지 않고, 세포의 중요한 구성 성분인 좋은 지방의 섭취를 즐기며 영양이 풍부한 천연의 음식들을 골고루 챙겨 먹으면 내 몸은 지방을 태우는 몸으로 변합니다. 그뿐 아닙니다. 건강해지는 것은 물론 체력도 좋아지지요.

중요한 건 인슐린 저항성을 높이는 탄수화물을 제한하는 대신 지방 섭취를 늘려 주 에너지원을 탄수화물에서 지방으로 바꾸는 것입니다.

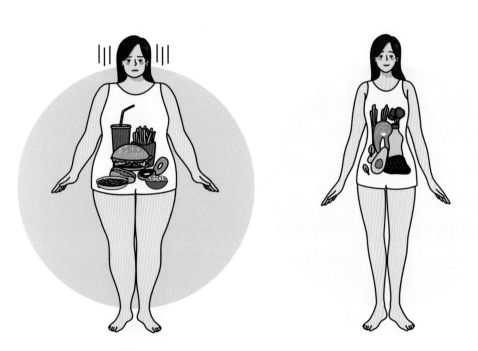

케톤과 키토제닉

탄수화물 섭취를 줄이면 우리 몸은 지방을 분해하여 케톤을 생성해 에너지원으로 사용합니다.

케톤(Ketone)은 간에서 지방을 분해할 때 생성되는 물질입니다. 우리 몸에 인슐린 농도가 낮아질 때, 즉 탄수화물 섭취를 제한하면 지방을 분해하여 에너지원인 케톤을 생성하지요. 탄수화물 대사를 하던 몸이 지방 대사로 바뀌면 그야말로 지방을 태우는 몸이 됩니다. 이렇게 케톤이 인체 대사의 주 에너지원이 되는 상태를 키토시스 상태라고 합니다.

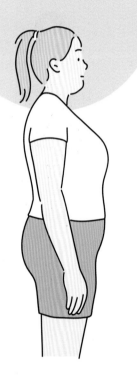

지방이 쌓이는 몸

지방을 태우는 몸

설탕, 정제된 밀가루 등의 섭취로 혈당 수치가 가파르게 급증하는 일이 잦으면 인슐린 저항성이 나타나게 되고 혈액 속의 당을 지방으로 저장하려고만 합니다.

탄수화물 섭취를 줄여 우리 몸에 인슐린 농도가 낮아지면 지방을 분해하여 에너지원인 케톤을 생성합니다.

키토식을 하면 건강해진다고?

굶지 않고도 살을 뺄 수 있다는 것에 혹해서 시작한 다이어트였는데 살이 빠지는 것은 물론 몸이 건강해지는 효과가 커서 놀라는 분들이 많습니다. 살을 빼고 싶거나 혈당과 혈압을 조절하고 싶은 사람, 만성적인 피로감을 느끼거나 몸에 질환이 있다면 주저 말고 키토식을 시작해 보세요. 약이 아닌 음식으로 몸의 많은 부분을 치유할 수 있습니다. 혈당과 혈압, 대사 기능이 정상화되고 호르몬 기능이 안정되는 등 다양한 몸의 변화가 찾아옵니다.

BASIC
GUIDE
2

무엇을 먹을까?

식단의 시작은 탄수화물을 줄이는 것부터

키토식을 시작하실 때 기름진 음식을 먹는 것부터 하시는 분들도 있는데 좋은 지방을 먹는 것도 물론 중요하지만, 탄수화물을 줄이는 것이 훨씬 중요합니다. 키토식단은 탄수화물을 제한하고 그로 인해 부족해진 에너지를 양질의 지방으로 채우는 식단이라는 것을 잊지 마세요.

탄수화물 섭취 방법

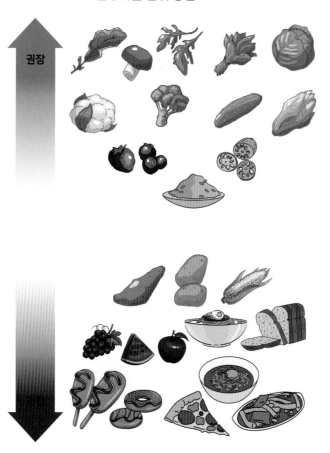

탄수화물은 우리가 먹는 식재료 대부분에 들어 있습니다. 탄수화물 섭취는 식이 섬유가 풍부한 잎 채소를 중심으로 하고 당분 및 전분성 탄수화물을 되도록 제한하는 것이 좋습니다. 정제된 밀가루와 설탕이 들어간 도넛, 핫도그, 떡볶이 등의 간식은 피합니다. 당분이 많은 수박, 사과, 배, 귤, 포도 같은 과일(특히 열대 과일), 빵, 국수, 떡, 흰쌀밥 등 곡물로 만든 음식도 제한합니다. 감자, 고구마 같은 전분성 뿌리 채소도 탄수화물 함량이 높아 피하는 것이 좋습니다.

채소의 탄수화물

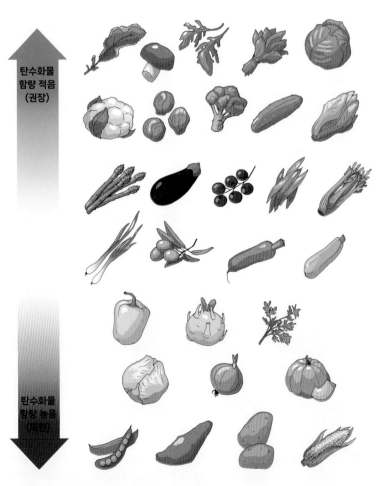

고구마, 감자, 옥수수 같은 채소는 탄수화물 함량이 높아 피하는 것이 좋습니다.

동물성 지방은 과잉 탄수화물이나 가공식품보다 훨씬 안전하다

이번엔 지방에 대한 오해를 풀어볼까요? 지방은 각종 질병의 원인이라고 오해받아 왔습니다. 하지만 지방은 우리 몸에서 아주 깨끗한 청정에너지로 작용하며, 케톤이라는 항산화 에너지원을 만들어줍니다. 탄수화물을 줄이고 지방을 채워 케톤을 만들어서 에너지원으로 쓰게 되면 활성 산소와 염증이 줄어들어 새로운 활력을 찾을 수 있습니다. 물론 탄수화물이 가득 찬 자리에 지방이 들어가면 잉여 에너지가 생겨 문제가 될 수 있으니 주의하세요.

하지만 지방이라고 해서 모든 지방이 좋은 것은 아닙니다. 특히 트랜스 지방이나 식물성 불포화 지방은 산화되기 쉽고 염증을 일으키기 때문에 피해야 합니다. 대두유, 카놀라유, 옥수수유, 해바라기씨유, 포도씨유, 마가린 등이 이런 종류의 지방입니다.

그렇다면 어떤 지방을 먹어야 할까요? 소고기, 돼지고기, 닭고기, 양고기 등 육류는 가장 좋은 지방 공급원이며, 특히 꽃등심, 차돌박이, 삼겹살, 대창 등 지방이 많은 부위를 추천합니다. 동물성 지방은 과잉 탄수화물이나 가공식품보다 훨씬 안전하고 건강에 좋습니다. 육류는 구석기 시대부터 우리의 조상들이 먹어온 가장 오래된 음식입니다. 육류는 식물성 단백질보다 소화가 잘될 뿐만 아니라 비타민과 미네랄도 많이 함유하고 있어 육류를 먹으면 에너지 대사가 원활해지고 활력도 높아집니다.

버터, 치즈, 크림치즈, 생크림 등의 유제품도 좋은 키토 식품입니다. 단, 가공된 제품이 많으므로 잘 골라야 합니다. 코코넛오일은 식물성 지방 중에서 가장 추천하는 식품이며 올리브유와 아보카도유도 비교적 안전합니다.

오일류 선택하는 법

올리브오일 · 버터 · 라드 · 마가린 · 카놀라유 · 옥수수유 · 코코넛오일 · 아보카도오일 · 해바라기씨유 · 대두유 · 포도씨유 · 식물성쇼트닝

탄단지 비율 때문에 스트레스 받지 말자

이제, 저탄수 식단을 어떻게 해야 하는지 본격적으로 알아볼까요?

육류와 채소는 충분히 먹고 유제품과 견과류는 적당히 소량 먹는 것이 좋습니다. 정어리, 삼치, 고등어와 같은 등푸른 생선의 지방에는 오메가3가 풍부합니다. 특히 장어류는 지방 비율이 높아 추천하는 생선인데요. 다만 생선은 알레르기 유발률이 높아 주의해야 하며, 장에서 소화가 안 되고 문제를 일으킬 수 있으므로 날것으로 먹는 것은 추천하지 않습니다.

어떤 식재료인지도 중요합니다. 가공식품은 피하고 자연 그대로의 식재료, 리얼푸드를 골라 드세요. 달콤한 알코올성 음료, 탄산음료, 과일 주스, 설탕, 당도 높은 과일, 저지방 식품, 가공육, 곡류(+글루텐), 식물성 오일은 피해야 합니다. 단순히 탄수화물을 줄이고 양질의 지방을 늘리는 것이 아니라 자신의 몸에 맞는 최적의 식단을 찾는 것이 중요해요. 키토 다이어트에서 영양 성분의 관리 순서는 '탄 ⇒ 단 ⇒ 지'입니다. 우선 탄수화물을 크게 줄여보세요. 컨디션이 어떻게 변화하는지 살펴본 다음, 탄수화물 양을 조절하면서 자신에게 최적인 양을 찾아야 합니다.

씨앗 및 견과류, 베리류

가공하지 않은 고지방 유제품

탄수화물 함유량이 적은 채소

허브, 향신료

살코기와 생선

비전분성 채소

건강한 지방과 기름

고지방 생선과 육류, 내장, 달걀

처음 탄수화물을 줄인 다음 다시 탄수화물 양을 늘려 몸의 상태를 살펴볼 때는 탄수화물 양을 꽤 많이 늘려보세요. 그러면 몸의 변화를 더 잘 느낄 수 있습니다. 변화를 관찰하면서 탄수화물 양을 다시 줄여나가세요.

가장 조심해야 할 것은 무작정 '탄수화물은 전혀 안 먹겠다', '오늘부터 지방만 먹겠다', '버터 커피가 잘 맞으니 삼시 세 끼 버터 커피만 먹어보겠다.'는 식의 결심을 하는 것입니다. 이런 접근은 몸에 해가 될 수밖에 없습니다. 지방이 좋다고 오로지 삼겹살, 버터, 달걀만 먹는 다이어트는 키토 다이어트의 가장 나쁜 표본입니다.

처음엔 비율에 너무 집착하지 말고 하루에 먹는 음식이 전체적으로 저지방만 아니면 된다는 정도로, 탄수화물만 제한하면 된다는 마음으로 편하게 먹으면 됩니다. 그리고 키토시스 상태를 효율적으로 유지하기에는 지방 섭취량이 적다고 생각되면 지방의 비율을 조금 늘려 주세요. 그런데 이때 무리해서 억지로 비율을 맞추려 들면 스트레스가 생기고, 지방의 섭취량이 갑자기 늘어나 영양 균형이 깨질 수도 있으니 주의하세요. 자신의 몸 상태를 들여다보며 식단에 적응해가다 보면, 자연스럽게 이상적인 탄·단·지 칼로리 비율인 1:2:7에 가까워질 거예요.

키토식 식단표

키토 1주차 식단 - 잘 먹어야 잘 빠져요!

탄수화물을 철저하게 제한하는 상태에서 양질의 영양을 공급하는 것이 키토 식단의 핵심입니다. 초기에는 무리한 탄수화물 제한보다는 다채로운 저탄수 메뉴들을 경험해 보세요. 무엇보다 식사시간을 충분히 투자해서 천천히 꼭꼭 씹어 먹는 연습을 하는 것이 건강한 키토식의 시작이라는 것을 잊지 마세요.

구분	1일	2일	3일	4일	5일	6일	7일
아침 *갈수록 아침은 가볍게		키토하울정식 *처음엔 아침도 충분히!	시래기된장국 *국물요리로 키토플루를 예방	차플	3분 황태국 *밥 없이 국의 건더기를 푸짐하게 섭취	달걀미역국	채소사골스프 *4~5일분을 만들어 소분해 놓으면 편리함
점심 *평일 점심은 외식 기준		순댓국 *외식 시 밥 없이 고기와 국물만 섭취	연어샐러드 *외식으로 샐러드를 먹을 때는 드레싱의 당분 주의!	닭곰탕	보쌈 정식 *보쌈김치의 당분 주의	편의점 샐러드 정식	짜장면 *손이 많이 가는 요리는 주말 특식으로
저녁	우삼겹 숙주 볶음 *첫날은 저녁부터 시작!	소불고기 *체력 충전을 위해 소고기 듬뿍!	간편 수육국밥	몽골리안비프	감바스알아히요 +두부면	닭날개구이 +당근라페	햄버거 스테이크 *양을 넉넉히 하여 밀프렙도 만들어 놓으면 편리함

*소, 돼지, 닭, 해산물, 달걀 등 메인 식재료를 골고루 번갈아 가면서 드세요.
*배가 부를 때 식사를 멈추는 연습을 하세요.

키토 2주차 식단 - 자연스러운 식사량 감소기

키토 식단에 적응하면 자연스럽게 식사량이 줄어드는 경험을 하게 되는데요. 하루 세끼를 저탄고지 식단으로 과도하게 먹으면 소화에 부담이 되고 에너지 과잉 상태가 될 수 있습니다. 삼시 세끼 중 중심이 되는 끼니(주끼니)와 보조가 되는 끼니(부끼니)를 구분해 보세요. 주 끼니에서는 필요량만큼의 에너지를 섭취하고 부끼니 때는 대사량을 유지할 정도로 드시면 됩니다.

구분	1일	2일	3일	4일	5일	6일	7일
아침	된장두부국수	방탄말차	시래기 된장국	달걀미역국	채소사골스프	베이컨 에그머핀	방탄커피 *단식을 위한 준비!
점심 *평일 점심은 외식 기준	양배추김밥+ 새우오삼겹말이	굴림만두+ 나박물김치	장어소금구이 *간장소스는 금지	소고기샤브샤브 *찍어 먹는 소스의 당분 주의	언위치	라구소스 파스타	칼집두부구이+ 라구소스
저녁	햄버거스테이크+ 사우어크라우트	아롱사태 수육전골	아롱사태 수육조림	닭볶음탕	갈치조림+ 뚝배기달걀찜	아롱사태 수육무침	양제비추리구이

*주말에는 밀프렙을 만들어 점심 도시락 메뉴로 적극 활용해 보세요.

키토 3주차 식단 - 자연스러운 간헐적 단식

키토식에 적응해 양이 자연스럽게 줄어든 상태에서는 하루 두 끼(간헐적 단식) 또는 주끼니로서 한 끼(1일 1식)만 식사를 해도 괜찮습니다. 그러나 간헐적 단식이 너무 길어지면 체중감량에 정체가 오거나, 장이 예민해질 수 있으니 주의하세요.

구분	1일	2일	3일	4일	5일	6일	7일
아침	방탄커피 *단식이 힘들 때는 방탄커피를!	방탄말차	단식	애사비워터 *속이 쓰리지 않을 정도로	단식	방탄커피	애사비워터
점심 *단식 때는 좀 더 든든하게	도가니볶음	달걀지단김밥+ 된장국	전복버터 구이	훈제오리 양배추쌈	데리야끼가자미 구이+곤약밥	햄버거스테이크+ 치즈달걀프라이	단식
저녁	간편 수육국밥	고등어구이+ 콜리플라워퓌레	부채살압력 수육	삼겹살 꽈리고추 볶음+된장찌개	양큐브살 샐러리구이	단식 *가능하다면 저녁 단식에도 도전!	인팟 고기채소찜

*단식을 할 때는 전날 저녁식사에서 과한 양념은 피해 주세요.
*자연스럽게 간헐적 단식으로 공복시간을 점차 늘려가세요(12시간 공복 ⇒ 18시간 공복).

외식할 때는 어떻게 할까?

건강한 키토식을 하려면 '집밥'을 먹어야겠지만, 매일 집밥을 먹는 게 쉬운 일은 아니죠. 특히 직장인이라면 점심시간이 고민일 거예요. 어쩌다 있는 모임 자리에서 음식을 가리면 유난을 떠는 것처럼 보일까 봐 걱정이 될 수도 있고요. 부득이하게 외식을 해야 할 때, 고르면 좋은 메뉴들과 주의해야 될 사항들을 정리해 보았어요.

고기구이

허용메뉴: 삼겹살, 목살, 소고기, 양고기, 양꼬치, 스테이크, 곱창구이 등

고기구이집은 가장 무난하며 모두가 행복한 외식 장소입니다. 종류 상관없이 양념된 고기는 모두 피하고 구워 먹는 고기는 소금만 찍어서 쌈채소 위주로 곁들여 드세요. 참소스와 쌈장 모두 주의해야 합니다. 사이드로 나오는 탄수화물 식품을 돌 보듯 바라보는 연습이 필요해요.

국밥

허용메뉴: 순댓국, 곰탕, 나주곰탕, 설렁탕, 갈비탕, 육개장, 소머리국밥, 선지해장국, 뼈해장국, 감자탕, 굴국밥 등

국밥도 훌륭한 키토인의 외식 메뉴입니다. 가성비도 좋지요. 게다가 국밥집에서 파는 수육이나 보쌈 등은 매우 훌륭한 외식메뉴입니다. 국밥은 밥을 빼고 고기와 국물 위주로 드세요. 순댓국에 들어간 순대도 주의하세요. 전분이 많이 포함되어 있는 들깻가루는 피하고, 탕에 들어간 소면 혹은 당면도 주의합니다. 국밥집에서 주는 달달한 김치와 단맛 나는 반찬도 피해야 하며 풋고추나 양파를 찍어 먹는 쌈장도 주의하세요.

회&생선구이

허용메뉴: 연어, 방어, 광어, 우럭 등 제철 생선회 모두, 고등어, 삼치, 갈치, 꽁치, 장어 등의 생선구이류 모두

횟집이나 생선구이집은 고기구이집 다음으로 무난한 외식 장소입니다. 초장은 제한하며 간장, 와사비를 곁들여 드세요.

찌개와 탕

허용메뉴: 샤브샤브, 매운탕, 생선지리탕, 청국장, 비지찌개, 김치고기찜이나 고기 김치찌개, 차돌 된장찌개, 순두부찌개 등

적극 추천하지는 않으나 필요하다면 요령껏 먹어볼 만한 외식 메뉴입니다. 김치 찌개나 김치찜에 설탕을 넣는 식당이 많으니 국물은 가급적 먹지 않는 게 좋습니다. 된장찌개는 물엿이 들어간 쌈장을 넣어 끓이는 식당이 있으니 주의하세요. 밥 없이 먹기에 너무 짜다면 편의점에서 삶을 달걀을 사 가서 밥 대신 먹는 것을 추천합니다.

샐러드 및 간편식
허용메뉴: 각종 샐러드, 감동란, 구운란, 스트링치즈, 닭가슴살, 소시지 등
간편식은 정말 부득이하게 먹을 시간과 장소가 없을 때 허기를 달래는 정도로만 활용하세요. 샐러드는 드레싱에 당성분이 많으므로 올리브오일, 식초, 소금 정도만 뿌려 드시는 게 좋아요. 발사믹소스는 당성분이 많으니 제한합니다.

카페 음료
허용메뉴: 아메리카노, 디카페인 아메리카노, 각종 무가당 티, 허브티, 탄산수
미팅이나 모임에서 카페를 갔을 때는 디저트에 흔들리지 말아야 해요. 과일맛 차나 음료에 당분이 들어간 경우가 많으니 주문하기 전 설탕이나 시럽이 들어갔는지 꼭 확인하세요.

Doctor Lee's Keto Tip

도시락을 싸기 어려운 직장인이라면 점심 단식을 해보세요. 아침은 지방과 단백질로 충분히 먹고, 점심은 먹지 않고, 저녁 식사는 본인의 적정 탄수화물 섭취량 수준에 맞추어 키토식을 드시면 됩니다. 점심은 가급적 드시지 않는 것이 좋지만, 만약 에너지가 너무 떨어지고 배가 많이 고프다면 방탄커피를 한 잔 가볍게 드셔도 좋아요. 이러한 점심 단식은 직장인의 점심 고민을 덜어줄 뿐만 아니라, 대사가 많이 떨어져 있어서 16:8의 간헐적 단식이 폭식으로 이어지는 분들에게 좋습니다. 충분한 공복을 유지시키면서 에너지 공급을 할 수 있으니까요.

키토 식단 초기에 겪을 수 있는 증상들

키토식을 하면 몸이 바뀌는 과정에서 몇 가지 불편한 증상들이 생길 수 있습니다. 이런 증상들은 키토시스 상태에 들어가기 위해 몸이 적응하는 과정에서 일어나는 것이니 너무 걱정하지 마세요. 그리고 간단한 방법으로 증상을 완화할 수 있습니다. 다음은 키토 다이어트 초반에 나타날 수 있는 증상들과 그에 대한 대처법입니다.

키토플루
키토 식단을 하면서 적지 않은 사람들이 두통, 어지러움, 가슴 두근거림, 근육 경

련, 불면증 등의 증상을 겪기도 합니다. 이를 모두 키토플루라고 하는데 수분과 염분만 충분히 섭취해도 대부분의 문제가 해결됩니다. 증상이 심할 때는 마그네슘을 섭취하는 것도 좋은 방법입니다. 마그네슘 영양제나 카카오 90% 이상의 초콜릿, 견과류 등을 섭취해 보세요.

키토래시

식단을 무리해서 급격히 진행하면 몸의 여러 부위에 키토래시(색소성 양진)라고 하는 피부 발진이 일어날 수 있습니다. 키토래시가 생기면 먼저 탄수화물 섭취량을 늘리고, 발진 부위에 보습제를 발라 수분을 충분히 보충하고, 병원에서 약을 처방받는 것이 좋습니다.

변비나 설사

변비는 수분, 염분, 식이섬유 부족 및 전해질 불균형, 식사량의 부족, 장내 미생물의 불균형 등 다양한 원인으로 발생하게 됩니다. 주로 키토식 초반에 생기는 변비는 수분과 염분의 섭취를 충분히 하고, 마그네슘과 식이섬유, 프로바이오틱스를 섭취하면 해결할 수 있습니다. 반대로 묽은 변이나 설사는 지방 섭취가 과도한 것이 원인이므로 지방 섭취를 조금 줄이는 것이 좋습니다.

전해질 불균형

염분과 수분을 충분히 보충하세요. 키토 식이 초기에는 일시적인 탈수와 눈가가 떨리는 등의 전해질 불균형으로 인한 부작용들이 나타날 수 있는데, 비타민과 미네랄의 섭취가 도움이 됩니다.

키토시스 상태에 들어가 인슐린 분비가 줄어들면 콩팥에서 나트륨(염분)을 다시 흡수하지 않기 때문에 소금을 충분히 섭취하는 것이 매우 중요합니다. 따라서 저염식을 강조하는 다른 다이어트와는 달리 약간 짜다 싶을 정도로 간을 해서 먹는 것이 좋습니다.

Doctor Lee's Keto Tip

식단 초기 부작용을 줄이고 예방하는 방법 5가지

1. 탄수화물을 급격하게 줄이지 말고 점차적으로 줄여간다.
2. 물을 하루에 1~2ℓ 이상 충분히 마신다.
3. 음식에 소금 간을 충분히 해서 먹는다.
4. 채소와 베리류 등 미네랄이 풍부한 음식을 먹는다.
5. 견과류, 아보카도, 카카오 등 마그네슘이나 칼륨이 풍부한 식물성 음식을 먹는다.

BASIC
GUIDE
3

키토 요리 장보기

키토제닉 식단은 먹지 말아야 할 식품들을 피하는 것이 중요해요. 설탕, 밀가루, 과일, 단 음료, 산패 가능성이 높은 식물성 유지류는 피해 주세요. 그리고 양질의 육류, 다양한 제철 채소, 양질의 유지류를 충분히 섭취할 수 있도록 식재료를 구입하면 좋겠지요?

양념을 고르는 방법도 중요한데요. 성분을 꼼꼼히 확인하고 고르는 습관을 들이는 것이 좋습니다. 가장 기본이 되는 키토 요리 양념을 고르는 방법을 정리해보았습니다.

유지류 고르기

버터

버터를 사기 전에는 반드시 후면의 전성분을 살펴보고 우유 혹은 유지방만을 사용한 천연버터를 고르셔야 해요. 린넨 혹은 유산균은 발효버터를 만드는 과정에서 사용되는 효소제로 성분표에 있어도 무관하고, 가염버터의 경우 소금이 표기될 수 있습니다. 후면 성분표에 이외의 성분(특히 식물성 기름 및 향료, 색소, 보존제 등)이 표기되어 있는 제품은 피하세요.

버터의 종류 중 기(Ghee)버터는 버터의 보관성을 높이기 위해 버터를 한 번 끓여 수분을 제거하고 순수한 지방만을 정제한 버터입니다. 유당, 단백질이 제거되어 있어 유제품 관련 알레르기부터 자유로운 제품이에요. 더불어 쉽게 타지 않아 가열하는 요리에 사용하기 좋은 장점도 가지고 있습니다.

MCT오일

코코넛오일에서 중쇄지방산(Medium-chain Triglycerides)만을 추출해 만든 가공오일입니다. MCT오일은 체내 대사과정이 짧아 빠르게 에너지를 공급해주고 카프릴산(C8)이 장 속 유해균 억제에 도움을 주기 때문에 키토 식단에서 적극 사용을 권하는 오일입니다. 주로 방탄커피에 사용이 되고, 샐러드와 같이 열을 가하지 않는 요리에서 지방류를 대체할 수 있습니다.

단, 처음부터 과량 복용 시 배탈이 날 수 있으니 1/3숟가락부터 시작해서 사용량을 점진적으로 늘리는 적응기간을 꼭 가지셔야 합니다. 무엇보다 사용 중 복통이 심하다면 절대 무리해서 드시지 마세요.

올리브오일

식물성 유지류에 속하지만 공업형(헥산추출) 착유가 아니며 산패 위험이 덜한 기름으로, 이 책에서는 주로 양식 요리의 풍미를 위해 사용되었습니다. 튀김과 같은 고온조리는 불가능하나 가볍게 굽거나 볶는 요리에 사용 가능합니다.

우지 & 라드

다양한 조리에 이용 가능한 가장 추천하는 유지류입니다. 돼지 비계를 정제한 라드는 시중에서 판매되는 제품이 있지만 소의 지방을 정제한 우지는 직접 만들어야 해 다소 번거로운 면이 있습니다.

코코넛오일

식물성 기름 중 드물게 포화지방 함량이 높아 키토식에 허용되는 기름입니다. 코코넛 특유의 향이 있어 요리에 적절히 활용하면 풍미를 높여주기도 해요. 만약 이 향이 취향에 맞지 않는다면 무향 제품을 고르시면 됩니다.

코코넛만나

코코넛 과육을 살짝 가열한 뒤 곱게 갈아 가공한 코코넛 버터예요. 코코넛오일과 비교하면 과육이 살아있어 풍미가 좋아요. 일반 조리용으로 사용하기엔 오일과 비교해 맛이 진한 편이라 베이킹을 할 때, 특히 팻밤을 만드는 데 활용합니다. 코코넛의 맛과 향을 좋아하신다면 활용해보세요.

코코넛밀크

코코넛 과육을 착즙해 만드는 코코넛밀크는 지방 함량이 높아 크리미한 부드러움과 코코넛의 달콤한 풍미가 좋아요. 유제품을 제한하는 경우에 우유나 생크림 대용으로 사용하기 좋습니다. 코코넛밀크를 적절히 활용하면 요리에 이국적인 풍미를 더해준답니다.

참기름

산패되기 쉬운 식물성 기름 카테고리에 속하지만, 한식에서는 맛을 위해 레시피에 사용되는 식재료입니다. 요리하실 때 가장 마지막에 소량을 사용해서 향을 돋우는 용도로만 사용해 주세요. 색이 과도하게 짙은 갈색을 띄는 제품은 피하세요.

들기름

참기름보다 더 산패되기 쉬운 식물성 기름으로, 압착 과정부터 신경쓰는 것이 필요합니다. 가격은 비싸지만 '생들기름'으로 표기되는 저온 혹은 냉압착을 한 제품을 골라서 쓰셔야 합니다. 색이 아주 연한 노란빛을 띄는 것이 특징이며, 첨가물 없는 들깨 100%의 제품을 선택하세요.

짠맛 양념 고르기

키토식에 간장을 사용하느냐 마느냐, 그리고 어떤 간장을 사용하느냐에 대한 의견이 분분하지만, 이 책에서 간장은 적극 사용하는 양념 중 하나입니다. 이유는 당류와 감미료 사용을 최소화하는 키토 레시피에서는 간장이 부족한 단맛

과 감칠맛을 채워주기 때문이에요.

제대로 만들어진 간장을 찾는 것이 중요하지만, 일부러 당류가 더 낮은 간장을 애써 찾지는 않으셔도 됩니다. 한 끼에 2~3숟가락 들어가는 간장의 당류까지 신경써서 요리를 하는 것은 이득보단 피로감이 더 크기 때문이에요. 다만 아래 간장의 분류에 따른 적절한 사용법과 용량은 꼭 지켜주세요.

양조간장

간장 중에서 단맛이 가장 강하고 색도 진한 간장이에요. 시판 진간장 중에 산분해 간장은 가급적 피하시고, 6개월 이상 숙성한 양조간장으로 고르세요. 라벨 후면의 발효 방식과 성분표을 꼭 살펴보셔야 합니다. 조미료와 당류가 함유된 맛간장, 조미간장은 피하세요. 메주와 소금만 들어간 제품을 골라야 합니다.

국간장

조선간장이라고도 해요. 진간장보다는 색이 맑고 짠 것이 특징이에요. 어릴 때 시골에서 할머니가 만들어서 보내시던 재래 간장이 바로 국간장이지요. 국간장은 국이나 전골요리에 꼭 필요해요. 국간장은 홈메이드 제품을 따라잡을 시판 제품이 없는데, 홈메이드 국간장을 구할 수 없다면 생협 혹은 대형마트에서 국간장으로 표기가 된 제품을 고르세요. 이 역시 메주와 소금만 들어간 제품을 골라야 합니다.

어간장

콩을 발효해서 만든 간장이 아니라 생선을 발효해서 만든 간장입니다. 조미료나 맛간장을 쓰지 않는 키토식에서는 감칠맛을 내기 위한 용도로 많이 사용하는 편이에요. 특유의 발효취가 강한 편이지만 조리하면 향이 거의 날아가니 너무 걱정하지 마세요. 구매할 때 뒷면의 전성분을 꼭 확인해 어류와 소금만 들어간 제품을 고르셔야 합니다.

된장

키토식을 하면서 꼭 챙겨야 할 식재료입니다. 서구권 연구에서 콩의 단점들이 많이 언급되다 보니 콩류를 기피하는 경우가 종종 있습니다. 그러나 통제된 환경에서 위생적으로 발효된 콩제품은 단점보다 장점이 더

크고, 한국 키토식에서는 오히려 권장하는 식재료입니다. 특히 된장은 키토식 초반에 부족해지기 쉬운 나트륨과 아미노산의 공급원으로 아주 유용해요. 키토플루 예방을 위해 키토식 초반에는 된장국을 꾸준히 드시는 것을 추천드립니다.

된장을 고르실 때에는 뒷면의 성분표에 국내산 메주(대두)와 소금만 사용된 제품을 고르시면 됩니다. 500g 기준 1만 원 내외의 제품을 고르시면 대체로 안전한 편입니다. 저염 제품은 염도를 낮추는 과정에서 보존성을 높이기 위해 당류가 첨가된 제품이 많으니 가급적 피하시는 게 좋습니다.

매운맛 양념 고르기

매운맛 양념은 한식에서 빠질 수 없지요. 자칫 느끼해지기 쉬운 키토식에 쉽게 적응할 수 있도록 도와주는 양념들입니다. 하지만 너무 과도하게 매운맛은 단맛을 당기게 하기도 합니다. 다이어트 목적으로 키토식을 할 때는 너무 맵게 먹지 않도록 주의하세요.

Doctor Lee's Keto Tip

장이 건강하지 못한 사람의 경우 고춧가루, 고추장, 생강, 마늘을 많이 넣은 매운맛 요리로 키토식을 할 때, 임상적으로 장 회복이 더디거나 악화되는 경우가 있습니다. 식단 초반에는 매운 음식을 줄이고, 몸의 반응을 살펴보는 것을 추천합니다.

고춧가루

고춧가루에 탄수화물 함량이 많아서 기피하는 분들이 있는데, 요리에 사용되는 1숟가락 내외의 양은 탄수화물양에 크게 영향을 미치지 않습니다. 매운맛이 필요할 땐 고추장보다는 고춧가루 위주로 활용하세요. 고춧가루도 양질의 제품을 골라서 사용하는 것을 추천합니다.

저당 고추장

시판 고추장에는 설탕, 밀가루 혹은 전분가루 등이 들어가기 때문에 보기보다 탄수화물 함량이 높습니다. 구매할 때는 설탕, 밀가루, 찹쌀가루를 사용하지 않고, 국내산 고춧가루를 사용한 제품으로 고르세요. 대체당이 들어간 제품은 기존의

고추장과 유사한 단맛을 내며 대체당까지 빠진 제품은 칼칼하고 깔끔한 맛을 내므로 기호에 따라 고르시면 됩니다.

신맛 양념 고르기

식초

식초는 위산을 보조하는 역할을 하며 특히 단백질 소화에 도움이 됩니다. 또한 공복에 섭취하면 혈당조절에 도움이 되는 특징을 가지고 있으며, 각종 대사질환을 개선시킨다는 연구결과가 있으니 키토식에 적극 활용해 주세요. 단, 시중에 유행하는 식초 음료에는 당이 많으니 절대 드시면 안됩니다. 100% 순수한 식초를 물에 희석해서 드세요.

발효식초

주정을 발효시켜 향만 첨가한 저렴한 양조식초보다는 원물을 효모로 장기간 발효시켜 제조한 발효식초가 영양면에서 더 훌륭합니다. 또한 단순한 향과 깔끔한 맛이 특징으로 요리에 다양하게 사용하기 좋습니다. 국내에는 주로 사과식초와 현미식초를 파는데, 이 사과식초와 다음에 설명하는 애플 사이다 비네거는 다른 식초입니다.

애플 사이다 비네거

사과초모식초로 쉽게 줄여서 '애사비'라고 부릅니다. 라벨에 보통 'with mother'라고 표기되어 있으며, 이는 초모균이 식초에 포함되어 있음을 뜻합니다. 색이 탁하고 특이한 발효취가 있어 호불호가 갈리는 식초이니 주의하세요. 애사비는 요리에 사용해도 좋고, 음용을 위한 목적으로 사용해도 좋습니다.

대체 감미료 고르기

설탕과 대체 감미료(대체당) 중 무엇이 더 좋은가에 대한 질문에 명확한 대답을 하기는 어렵습니다. 그저 상황에 맞춰 적절히 사용해야 할 필요가 있을 뿐입니다. 둘 다 논란이 많으니 설탕도 감미료도 먹지 말라고 이야기하면 제일 쉽겠지만, 우리가 매일 먹는 식사에서 단맛이 아예 사라지는 것 또한 아쉬운 일이라 이 책의 레시피에서는 알룰로스(주로 액상형을 사용)와 에리스리톨 두 가지를 주로 사용하였으며, 시중에서 쉽게 구할 수 있고 맛을 내기가 편한 쉬운 제품으로 선택했습니다.

Doctor Lee's Keto Tip

당, 단맛에 중독되어 있었고 기존에 탄수화물 폭식을 즐겼던 사람이 다이어트를 목적으로 키토식을 하는 경우에는 애초에 단맛 자체를 끊어내는 것이 필요합니다. 이런 분들은 천연 감미료라 하더라도 사용을 권하지 않습니다. 감미료의 단맛이 당을 끊는 데 방해가 되기 때문입니다. 무엇보다 장 건강을 위해 식단을 하는 경우에는 감미료 사용은 장회복에 방해가 되기 때문에 피해야 합니다.

알룰로스

최근 각광받기 시작한 대체 감미료로 설탕과 가장 유사한 맛을 가지고 있어 요리에 사용하기 편리합니다. 주로 액상으로 판매되고 있으며 마트에서 쉽게 구할 수 있어요. 다만 과량 섭취시에는 복통을 유발할 수 있어 주의가 필요합니다.

에리스리톨

혈당을 올리지 않는 대표적인 감미료로 오랜기간 사용되어 왔습니다. 가루 형태의 감미료가 필요할 때 주로 사용하는 편이며, 시원한 뒷맛이 특징입니다. 과량 섭취 시에는 복통을 유발할 수 있어 주의가 필요합니다.

스테비아

단맛이 아주 강한 감미료로 미량만 사용하거나 주로 에리스리톨과 혼합된 제품으로 많이 사용됩니다. 쌉쌀한 끝맛이 특징입니다.

기타 양념류 고르기

참깻가루&들깻가루

통으로 사용하거나, 사용하기 직전에 빻아서 사용하세요. 특히 일부 시판 들깻가루나 식당에서 제공하는 들깻가루에는 뭉침 방지를 목적으로 전분이 10~30%까지 섞여 있으니 구매하실 때에는 성분을 꼭 확인하고 구매하세요.

액젓

어간장과 유사하지만 좀 더 진한 풍미와 다양한 감칠맛을 내는 조미료입니다. 성분표를 보고 액젓의 주재료(멸치, 까나리, 새우 등)와 소금만으로 만들어진 제품을 고르셔야 합니다.

맛술

시판 맛술은 대부분 당류가 과도하게 섞여 있어 단맛이 강한 편이니 고를 때 주의하셔야 해요. 감미료와 당이 들어있지 않은 제품으로 골라야 하며, 쌀과 누룩으로만 빚은 술로 만든 것을 선택하는 것이 좋습니다.

생강가루

육류의 강한 육향, 잡내 등을 제거할 때 사용하기 좋은 향신료입니다. 신선한 생강을 바로 사용하는 것이 가장 좋지만 자주, 많이 쓰이지는 않아 쓰는 것보다 버리는 게 많을 수도 있어요. 신선한 생강을 구매했다면 잘게 다져서 냉동한 후 그때그때 사용해도 좋습니다. 가장 편리한 방법은 건조된 분말 형태의 생강가루를 구매해서 사용하는 것이에요. 고기 요리에 들어가면 맛이 아주 좋아지니 꼭 구비해 사용해 보시길 추천합니다.

다른 나라 요리 양념 고르기

저당 마요네즈

대부분의 시판 마요네즈는 산패되기 쉬운 식물성 기름을 베이스로 만들기 때문에 지방 함량이 높음에도 불구하고 키토식에서는 추천하지 않아요. 그렇지만 요리의 완성도와 맛을 위해서 꼭 마요네즈를 활용해야 할 경우가 있는데, 이럴 때에는 올리브오일과 달걀로 직접 만들어 드시는 것을 추천드립니다. 번거롭다면 가급적 올리브오일로 만든 시판 저당 마요네즈를 사용하세요.

저당 케첩

케첩은 토마토 과육과 설탕이 들어가 당 함량이 아주 높은 소스입니다. 따라서 키토식에서는 권하지 않는 소스류인데요, 이 책의 레시피에서는 편의성을 위해 토마토소스를 대신 활용하는 용도로 저당 케첩을 넣었어요. 다만 설탕 대신 대체 감미료를 활용한 저당 케첩이라 하더라도 너무 자주, 많이 드시는 것은 추천하지 않습니다.

디종머스터드

겨자씨의 알맹이만 곱게 갈아서 식초와 와인, 약간의 향신료로 만든 매콤알싸한 맛의 소스예요. 우리가 흔히 알고 있는 허니머스터드는 디종머스터드에 꿀을 넣어 만든 소스로 키토식에는 맞지 않으니 추천하지 않습니다. 전성분을 확인하여 겨자씨, 식초, 소금만 들어간 제품을 고르세요.

홀그레인머스터드

겨자씨를 살짝 으깨서 통째로 식초와 약간의 향신료에 재워놓은 양념입니다. 특히 매콤하면서 향긋해서 고기와 곁들이기 좋아요. 제품마다 첨가되는 향신료가 다양한데, 구매할 때는 성분표에 설탕이 들어가지 않은 제품을 고르세요.

레몬즙

레몬 농축액이 아닌 100% 레몬 원액으로 된 제품을 고르세요. 100% 레몬주스라고 되어 있어도 무방합니다. 레몬즙은 산도가 높은 제품이기 때문에 플라스틱 통보다는 유리병에 든 제품을 구매하세요.

토마토퓌레

직접 토마토를 으깨고 졸여서 소스를 만드는 것이 가장 좋지만, 요리의 맛과 편의를 위해서는 시판 토마토퓌레를 사용해도 괜찮아요. 시판 제품 중, 소스 타입은 설탕이나 조미료 등이 첨가되어 있으니 100% 토마토로만 만들어진 퓌레를 추천합니다.

굴소스

시판 굴소스 대부분은 설탕과 전분의 함량이 높고 조미료가 들어있어요. 굴소스는 1~2숟가락 정도로 소량 사용하는 식재료라 일반 굴소스를 사용해도 저탄수 식단에 크게 위배되는 것은 아니지만, 좀 더 좋은 성분의 제품이라는 측면에서 저당 굴소스를 추천합니다.

춘장

저탄수 식단에서 짜장 소스를 만들기가 쉽지 않은 이유는 춘장에 보통 밀가루, 캐러멜색소, 설탕 등이 들어가기 때문이에요. 다행히 최근에는 진미 우리쌀 춘장(설탕 첨가), 마야 LC항아리춘장(무설탕) 등 밀가루와 캐러멜 색소가 없는 춘장이 나오고 있어서 비교적 건강한 짜장소스를 만들 수 있게 되었어요. 비록 짜장소스 자체는 아무리 건강하다 해도 밥이나 면을 곁들이게 되면 전체 탄수 함량이 적지 않으니 적당히 활용하세요.

훈제 파프리카파우더

훈연한 파프리카를 말려서 곱게 갈아낸 시즈닝의 일종인데 훈연의 풍미와 감칠맛, 단맛을 냅니다. 밋밋한 고기요리에 훈제 파프리카파우더를 사용하면 고급스러운 요리로 변신한답니다.

강황, 가람마살라, 커리페이스트

전분이 많이 들어가는 일본식 카레 블록이나 소스는 키토식과는 거리가 먼 식재료예요. 일본식 카레와 비교했을 때 요리의 질감과 식감은 다르지만 카레 특유의 풍미를 내는 향신료로 강황, 가람마살라 등이 있는데요. 커리페이스트는 설탕이 들어가지 않은 제품으로 고르셔야 합니다.

간편 육수, 수육 고르기

사골육수

어린 시절 어머니께서 하루종일 끓여주셨던 사골육수는 보약보다 귀한 음식이었죠. 지금도 집에서 정성껏 끓여낸 육수는 가장 좋은 식재료이지만, 번거로운 것은 사실입니다. 이럴 때는 간편하게 시판 육수를 사용하세요. 비비고, 오뚜기 등의 레토르트 파우치 제품은 조미료 함량이 높아 맛은 있지만 키토식과는 거리가 있어요. 지역마다 순수한 사골로 우려내는 식당을 찾아서 구매하거나, 무첨가 뼈육수만 판매하는 온라인몰에서 구매하는 것을 추천합니다.

고기수육

최근 온라인에서 삶은 수육을 소분해 판매하는 업체들이 많이 생기고 있어요. 집에서 직접 고기 삶기가 버거운 바쁜 키토인들에게는 소분 수육 제품을 추천합니다. 스지와 도가니수육, 아롱사태수육, 소머릿고기수육, 순댓국용 돼지고기수육 등 검색을 통해 쉽게 구매하실 수 있어요. 탕용 슬라이스수육은 업소용의 경우 1~2kg 단위로 판매하기도 하는데, 이런 제품을 구매해서 200~300g 정도로 소분해 냉동실에 넣어놨다가 활용하면 좋아요. 소분 수육은 육수와 함께 끓이거나 (144쪽 참고) 채소들과 볶아 먹는(162쪽 참고) 요리에 활용하면 간편합니다.

탄수화물 대체 식재료 고르기

곤약쌀

곤약을 쌀알 모양처럼 작고 동그랗게 성형해 밥과 함께 조리할 수 있도록 만든 알곤약 제품입니다. 알곤약이 물과 함께 담겨 있는 습식 포장 제품으로 구매하셔야 하고, 전성분에 정제수, 곤약분, 수산화칼륨만 있는 제품을 고르셔야 합니다. 건식 포장된 제품은 곤약에 전분이 다량 포함되어 있으니 주의하세요.

곤약면

최근 저탄수화물 열풍과 더불어 곤약면이 다양한 형태로 출시되고 있는데요. 소면 스타일의 얇은 실곤약면부터 페투치니 스타일의 넓은 곤약면 등이 있습니다. 곤약면은 면을 대신하기에 좋고 포만감 또한 좋지만, 소화가 잘되지 않기 때문에 소화기관이 약한 분들은 위장장애를 일으킬 수 있습니다. 특히 얇은 실곤약면은 면이 엉킨 상태에서 잘 풀지 않고 꼭꼭 씹지 않으면 소화가 잘되지 않을 수 있으니 주의하세요.

실곤약면

넓은 곤약면

두부면

두부를 얇게 눌러 면으로 성형한 두부면은 푹 퍼진 밀가루면과 유사한 식감이 나는 것이 특징이에요. 국물 요리나 소스 요리에 곁들이면 양념이 잘 배어드는 것이 장점도 있습니다. 다만 쫄깃한 식감이 전혀 없고 두부 맛이 강해서 싫어하시는 분들도 있어요. 이런 분들을 위해 두부와 곤약을 섞은 두부곤약면 제품도 나오고 있으니 활용해 보세요.

아몬드가루

키토식에서 밀가루 대용으로 가장 많이 사용하는 제품이 아몬드가루입니다. 시중에 판매하는 아몬드가루 중일부는 아몬드가루의 뭉침 방지를 위해 전분가루가 섞여 있는 경우가 있으니 100% 아몬드 분태 제품을 고르는 것이 중요합니다. 다만 최근에는 아몬드가루가 가진 단점(산패 위험성, 렉틴 등)으로 인해 키토식에서 사용을 줄이는 추세입니다.

코코넛플라워

아몬드가루와 달리 산패 위험으로부터 안전해 밀가루 대체품으로 많이 사용되는 가루입니다. 코코넛플라워는 코코넛가루 중에서 코코넛에서 지방과 수분을 제거한 제품으로, 과육을 곱게 가루로 만든 슈레디드 코코넛 즉, 코코넛 가루와는 전혀 다릅니다. 구매하실 때 꼭 코코넛플라워(flour) 제품으로 구매하셔야 베이킹에 사용이 가능합니다.

Doctor Lee's Keto Tip

김치, 어떻게 먹어야 할까?

키토식 재료 쇼핑 정보를 보다 보면 '키토김치'가 눈에 띄는데요. 키토식을 하기 위해서 반드시 설탕과 전분풀이 들어가지 않고 마늘이 없는 키토김치를 먹어야 할까요?
답을 하자면 꼭 키토김치를 먹어야 할 필요는 없습니다. 하지만 몇 가지 주의는 필요합니다.
먼저 완전히 발효가 되지 않은 겉절이 같은 김치는 자극적인 고춧가루, 마늘, 그리고 완전히 발효되지 않은 밀가루풀, 설탕 등으로 저탄수 식단에 적합하지 않습니다. 또한 고춧가루, 마늘은 알레르기를 유발하고 염증을 자극하기도 합니다. 따라서 김치는 잘 익혀서 당분이 완전히 발효가 된 상태가 좋고, 너무 강한 양념은 적당히 씻어내고 먹는 것이 좋습니다.
또한 맵고 자극적인 김치는 맛이 개운하지만 고기를 비롯한 음식을 많이 먹게 만듭니다. 적당한 식사량 이상으로 과식을 하게 만들어 체중 감량에 방해가 되고, 위와 장에 부담을 줄 수 있으며 설사의 원인이 되기도 하니 주의하세요.
이 책에는 한국인의 소울푸드인 김치의 단점을 보완한 절임채소 레시피를 수록하였습니다. 잘 익힌 김장김치나 동치미, 양념이 강하지 않은 깍두기, 제철 채소로 만드는 각종 김치들과 함께 적절히 활용하세요.

요리가 더 맛있어지는 꿀팁

건식염지 하는 법

염지는 고기에 소금을 더해 보존성을
좋게 하는 것을 말합니다. 그런데 가
정에서 염지를 하는 경우는 보존성을
높이기보다는 맛을 더 좋게 하기 위
한, 즉 마리네이드의 목적이 커요. 한
번 염지한 고기를 먹으면 다시는 염
지하지 않은 생고기를 못 먹게 될 수
도 있을 만큼 고기가 맛있어진답니
다. 고기 표면에 소금을 발라두면 삼
투압 현상으로 소금이 고기 속으로
침투하게 되고, 좀 더 시간이 지나면
서 삼투압으로 빠져나왔던 육즙이 다
시 고기 속으로 들어가면서 감칠맛이

더해지게 되는 원리예요. 따라서 염지는 최소 2시간 이상을 하길 권장합니다.

재료

☐ 소고기 덩어리로 300g

☐ 굵은소금 1/3숟가락

★ 알이 약간 굵은 소금을 써야 너무 짜지 않게 염지가 됩니다.

☐ 스테인리스 바트

1 키친타월을 사용해 꾹꾹 눌러주며 소고기 표면의 수분을 최대한 제거해요.

2 적당량의 소금을 고기 표면에 골고루 발라요.

3 바트에 뚜껑을 덮거나 랩을 씌워 냉장고에 보관해요. 랩을 씌울 경우 공기가 통할 수 있도록 구
멍을 뚫어요.

★ 염지는 최소 2시간 이상 하며, 최대 24시간을 넘지 않도록 해요.

소고기비빔장 만들기

한국 사람들이라면 무조건 좋아하는 매운 비빔장입니다. 이 비빔장으로 볶음면뿐만 아니라 비빔면도 만들 수 있어요. 만들기가 번거롭긴 하지만, 만들어 두면 보름 정도 맛있게 먹을 수 있답니다. 미개봉 상태로 보관하면 한 달 정도 보관이 가능한데, 대신 개봉하면 바로 먹어야 해요.

재료

☐ 소고기 다짐육 300g   ☐ 양파 3개   ☐ 간장 1컵
☐ 어간장 1/2컵   ☐ 고춧가루 3컵   ☐ 에리스리톨 1/2컵
☐ 액상 알룰로스 1/2컵   ☐ 다진 마늘 2숟가락   ☐ 올리브오일 2숟가락

1 양파는 믹서기에 갈아요.
2 소고기 다짐육에 다진 마늘과 간장 1숟가락, 액상 알룰로스 1숟가락을 넣고 미리 버무려 두었다가 냄비에 올리브오일을 두르고 약불로 가볍게 볶아요.
3 소고기 다짐육이 익어 갈색이 되면 간 양파를 넣어요.
4 간장 1컵, 어간장 1/2컵을 넣고, 고춧가루 3컵와 에리스리톨, 나머지 액상 알룰로스를 넣어 잘 저어요.
5 약불에서 졸이듯 끓이고, 걸쭉해지면 간장, 알룰로스로 간을 맞춰요.
★ 너무 짜지 않도록 졸여진 상태에서 간을 맞춰야 해요.
6 한 김 식은 뒤에 유리병에 소분해서 냉장 보관해요.

한식 비빔초장 만들기

여름에 즐기기 좋은 새콤달콤 비빔초장이에요. 비빔요리에 사용해도 좋고, 회 먹을 때 사용해도 좋습니다. 비빔초장은 냉장고에서 하루 이상 숙성되어야 맛이 좋으니, 미리 많이 만들어 두고 여름 내내 즐겨보세요.

재료

☐ 키토 고추장 2숟가락   ☐ 고춧가루 1숟가락   ☐ 식초 3숟가락
☐ 간장 1숟가락   ☐ 맛술 2숟가락   ☐ 에리스리톨 1/2숟가락
☐ 참기름 1숟가락   ☐ 대파 1/2대   ☐ 다진 마늘 1/3숟가락

1 볼에 식초와 맛술, 간장을 넣고 에리스리톨을 넣어 잘 녹여요.

★ 에리스리톨이 없으면 알룰로스를 넣어도 무방해요.

★ 키토 고추장 자체에 단맛이 약간 있어서 감미료를 빼면 칼칼한 소스가 되고, 감미료를 분량보다 많이 넣으면 매콤달달한 소스가 됩니다.

2 대파를 다져요.

3 1에 고추장, 고춧가루, 다진 대파, 다진 마늘, 참기름을 넣고 잘 섞어요.

★ 바로 먹을 경우에는 10분 정도 후에 먹는 것이 좋고, 하룻밤 이상 냉장고에서 숙성시키면 맛이 더 좋아집니다.

라구소스(볼로네즈소스) 만들기

고기가 들어간 토마토소스를 라구소스라고 부르고, 볼로냐 지방에서 만드는 라구소스를 볼로네즈소스라고 불러요. 사실 같은 소스인데 볼로네즈소스는 고기가 좀 더 많이 들어가는 것이 특징입니다. 바질, 타임 등의 허브는 들어갈수록 맛있지만 없어도 괜찮으니, 집에 있는 허브로 만들어 보세요.

재료
□ 소고기 다짐육 600g

★ 소, 양, 돼지 모두 사용 가능해요. 섞어서 사용해도 좋아요.

□ 버터 30g □ 라드 2숟가락 □ 다진 마늘 2숟가락
□ 양파 1개 □ 당근 1/2개 □ 샐러리 2줄 □ 화이트와인 1컵
□ 토마토퓌레 400㎖ □ 월계수잎 2장 □ 소금 2작은술
□ 후추 약간 □ 육수 혹은 물 1컵

1 냄비에 버터를 두르고 다진 양파와 마늘을 볶다가 양파가 투명해지면 당근과 샐러리를 넣고 볶아요.

2 익은 채소는 팬 가장자리로 밀어놓고, 팬에 라드를 두르고 다진 소고기를 넣은 다음 소금과 후추를 뿌린 후 잘 으깨가며 중간불에서 충분히 볶아요.

3 고기가 다 익었을 때, 화이트와인 1컵을 넣고 완전히 증발할 때까지 볶듯이 끓여요.

★ 와인이 없으면 생략 가능해요.

4 토마토퓌레를 넣은 다음 물 혹은 육수 1컵을 넣고 허브를 넣은 후 뚜껑을 닫아 저어가며 약불로 졸이듯 끓여요. 보통 1시간 이상 졸여서 물기가 없이 뻑뻑하게 되면 완성입니다.

★ 육수가 없을 때에는 굴소스 2숟가락을 넣으면 감칠맛이 더해져요.

쉽고 간편하게 계량하기

🥄 밥숟가락으로 계량하기

가루류 계량하기

가루 1숟가락: 숟가락에 수북이 떠서 위로 볼록하게 올라오도록 담아요.

가루 ½숟가락: 숟가락에 절반 정도만 볼록하게 담아요.

가루 ⅓숟가락: 숟가락에 ⅓정도만 볼록하게 담아요.

액체류 계량하기

간장 1숟가락: 숟가락에 한가득 찰랑 거리게 담아요.

간장 ½숟가락: 숟가락에 가장자리가 보이도록 절반 정도만 담아요.

간장 ⅓숟가락: 숟가락에 ⅓ 정도만 담아요.

장류 계량하기

고추장 1숟가락: 숟가락에 가득 떠서 위로 볼록하게 올라오도록 담아요.

고추장 ½숟가락: 숟가락에 절반 정 도만 볼록하게 담아요.

고추장 ⅓숟가락: 숟가락에 ⅓ 정도 만 볼록하게 담아요.

🥤 종이컵으로 계량하기

육수 1종이컵: 종이컵에 찰랑거리게 담아요.

가루류 1종이컵: 종이컵에 가득 담고 자연스럽게 윗면을 깎아요.

콩 1종이컵: 종이컵에 가득 담고 윗면을 깎아요.

🖐 손으로 계량하기

시금치 1줌: 손으로 자연스럽게 한가 득 쥐어요.

부추 1줌: 500원 동전 굵기로 자연스 럽게 쥐어요.

약간: 엄지손가락과 둘째 손가락으로 살짝 쥐어요.

⚖ 100g 계량하기

육류: 손바닥 크기
(사방 5cm x 두께 2cm)

생선: 고등어 1토막

둥근 채소: 양파 1/2개

긴 채소: 당근 1/2개

요리의 기본, 재료 써는 법

통썰기

재료 모양 그대로 썰어요.
⑩ 애호박전, 오이무침 등을 만들 때 써요.

채썰기

통썰기 한 후 일정한 간격으로
얇게 썰어요.
⑩ 무생채, 잡채 등을 만들 때 써요.

막대썰기

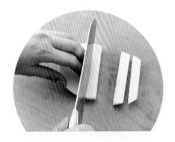

통썰기 한 후 막대 모양이 되도록
일정한 간격으로 썰어요.
⑩ 장아찌, 피클 등을 만들 때 써요.

깍뚝썰기

막대썰기 한 후 정사각형이 되도록
일정한 간격으로 썰어요.
⑩ 카레, 깍두기 등을 만들 때 써요.

나박썰기

막대썰기 한 후 옆으로 돌려 일정한
간격으로 썰어요.
⑩ 나박김치, 뭇국 등을 만들 때 써요.

어슷썰기

긴 재료를 비스듬히 썰어요.
⑩ 대파, 오이, 고추를 손질할 때 써요.

반달썰기

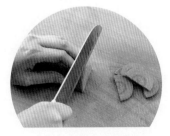

길고 둥근 모양의 재료를 세로로 길게
반 가른 후 일정한 간격으로 썰어요.
⑩ 애호박, 당근 등을 썰어 찌개나 탕에 넣을 때 써요.

돌려깎아 채썰기

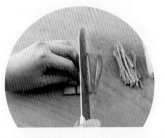

길고 둥근 모양의 재료를 5cm 정도 통썰기 한 후
껍질 부분에 칼을 넣어 돌려 깎고 채 썰어요.
⑩ 미역냉국, 냉채 등을 만들 때 써요.

KETO
RECIPE

1

든든한 한 끼로 충분한
고기 요리

세상 간단한 고기 요리!
우삼겹 숙주볶음

'행그리(Hungry+Angry)모드'를 아시나요? 화가 날 정도로 배가 고파서 당장 아무거나 먹어야 하는 그런 순간, 냉장고에 재료만 있다면 5분 만에 요리할 수 있는 요리가 바로 우삼겹 숙주볶음입니다. 냉동 우삼겹 300g 내외의 소포장 제품을 항상 냉장고 속에 장전해 두면 언제나 간편하게 해먹을 수 있답니다.

만드는 법 ···

재료

- ☐ 우삼겹 300g
  - ★ 냉동상태의 우삼겹이라면 미리 해동해 놓아요.
- ☐ 숙주 1봉지(300g)
- ☐ 대파 1/4대
- ☐ 마늘 2~3개
- ☐ 소금 약간
- ☐ 후추 약간

선택재료

- ☐ 저당 굴소스

1

대파는 어슷 썰고 마늘은 얇게 썰어요.

2

달군 팬에 우삼겹을 올리고 절반 정도 익을 때까지 구워요.

3

우삼겹이 익어가며 팬에 기름이 고이면 마늘, 파 같은 향신채소를 넣고 1~2분 동안 볶아요.

★ 저당 굴소스를 1숟가락 정도 추가하면 감칠맛이 더 해져요.

4

소금으로 간을 맞춘 다음, 마지막에 숙주를 넣고 센 불로 가볍게 30초 정도만 볶아요.

★ 숙주를 오래 익히면 물이 생겨서 맛이 없어져요.

5

접시에 올리고 후추를 뿌려 완성해요.

감칠맛 나는 대한민국 원픽 갈비

LA갈비

LA갈비는 주말에 큰맘 먹고 밀프렙으로 만들어 두면 일주일 내내 사치스럽게 먹을 수 있어요. 레시피는 1kg을 기준으로 작성했지만, 한 번에 2kg 이상 만들어서 냉장 보관하면 일주일까지는 먹을 수 있답니다. 그 이상은 냉동 보관하시고 먹기 하루 전 해동해 드시면 됩니다.

2~3인분

요리시간
30분

56

재료

□ LA갈비 1kg

양념장 재료

□ 양파 1개
□ 대파 1대
□ 다진 마늘 2숟가락
□ 다진 생강 1/3숟가락
□ 간장 10숟가락
□ 맛술 1/2컵
□ 에리스리톨 3숟가락
□ 알룰로스 2숟가락
□ 참기름 2숟가락

1

LA갈비는 물로 한 번 가볍게 씻어낸 다음 찬물에 1시간 정도 담가 핏물을 빼요.

★ 갈비는 뼛가루가 있을 수 있어 씻어내고 핏물을 빼야 해요.

2

양파는 잘게 썰어 믹서기로 곱게 갈고 대파는 다져요.

3

볼에 간 양파, 다진 대파와 나머지 **양념장 재료**를 넣고 잘 섞어서 양념장을 만들어요.

4

키친타월로 LA갈비의 물기를 제거한 후 볼에 넣고 양념을 고르게 발라요.

5

양념된 고기는 밀폐용기에 차곡차곡 포개서 담고, 남은 양념은 고기 위에 부은 다음 냉장고에 하룻밤 넣어 놓아요.

★ 바로 구워서 먹어도 좋아요.

6

달군 프라이팬에 LA갈비를 올린 다음 뚜껑을 덮고 중불로 익히다가 고기가 다 익으면 뚜껑을 열고 양념을 졸이면서 겉면을 바삭하게 익혀 완성해요.

★ 익힐 때 뚜껑을 덮고 푹 익혀야 뼈와 살이 잘 분리돼요.

고기요리

Doctor Lee's Keto Tip

소고기는 세계적으로 선호하는 첫 번째 키토식 재료예요. 지방이 많은 갈비, 등심 부위를 마음껏 즐기세요. 그러나 위장이 약한 분들은 소화가 잘 안 될 수 있으니 부드러운 부위부터 시작하는 것이 좋습니다.

육즙과 풍미 가득!
살치살스테이크

스테이크를 잘 굽는 건 어려운 일이에요. 팬의 종류와 화력, 고기의 두께, 사용하는 부위에 따라 굽는 시간과 요령이 조금씩 달라지기 때문인데요. 하지만 여러 번 굽다 보면 나만의 감각이 생긴답니다. 살치살은 두껍게 정육된 상태에서는 직사각형에 가까운 모양이라 굽기 편하고 고기의 익힘 정도를 판단하기 좋아요. 살치살 스테이크를 마스터했다면 부채살, 등심 등도 도전해 보세요.

1인분

요리시간
20분

재료

□ 살치살 300g(두께 약 3cm)
□ 아스파라거스 2대
□ 방울토마토 5개
□ 마늘 5개
□ 올리브오일 3숟가락
□ 버터 약간
□ 소금 약간
□ 후추 약간

고기는 미리 1시간 정도 상온에 두어 냉기를 없애요.

★ 건식염지(46쪽 참고)를 미리 해두면 고기 맛이 더 좋아져요.

중불로 달군 프라이팬에 올리브오일을 1숟가락 두른 후, 손질한 아스파라거스와 방울토마토를 넣고 소금, 후추로 간해 볶은 다음 꺼내요.

중약불로 달군 팬에 올리브오일을 2숟가락 두르고 고기를 올려요.

★ 스테이크를 익힐 때는 두꺼운 프라이팬이 좋아요.

앞뒷면을 각각 1분씩 굽고 옆면을 돌려가며 각각 30초씩 익혀요.

★ 고기는 취향껏 익혀요.

팬에 마늘과 버터를 넣고 30초씩 면을 돌려가며 약 1~2분 정도 구워요.

스테이크를 접시에 올리고 아스파라거스와 토마토, 마늘을 곁들여 완성해요.

★ 고기 겉면이 모두 진한 갈색으로 바삭하게 익은 상태이며 눌렀을 때 물컹하게 들어간다면 미디엄 굽기입니다.

Doctor Lee's Keto Tip

조리용 오일에 대하여

엑스트라버진 올리브오일은 가열조리에 적합하지 않다는 시중의 인식과 달리 연기가 날 정도의 고온이 아니라면 구이나 볶음에 사용해도 괜찮습니다. 그렇지만 조리용으로 가장 안전한 지방은 포화지방인 라드, 우지입니다.

요리시간
1시간

홈파티에도, 브런치에도 OK!
햄버거스테이크

고기가 익숙하지 않고 소화가 잘 안 되시는 분들은 다짐육을 사용해 보세요. 다짐육 요리 중에서도 비주얼도 매력적이고 맛도 좋은 메뉴가 바로 햄버거스테이크인데요. 넉넉히 만들어서 냉동해 놓으면 바쁜 일상에서 훌륭한 간편식이 됩니다. 도시락에도 잘 어울린답니다.

만드는 법 ·····

재료

☐ 소고기 다짐육 1kg
   ★ 살코기와 비계 비율이 8:2 정도 되
     는 고기를 권장합니다. 일반 살코기
     다짐육이라면 버터를 50g 정도 섞
     어 주세요.

☐ 양파 2개
☐ 다진 마늘 2숟가락
☐ 달걀 3개
☐ 소금 1숟가락
☐ 생강가루 1/3숟가락
☐ 버터 20g

1 양파를 다져요. 팬에 버터를 두른 다음 다진 양파를 넣고 갈색빛이 될 때까지 볶은 뒤 식혀요.

2 볼에 소고기, 볶은 양파와 다진 마늘, 달걀, 소금, 생강가루를 넣고 5분 이상 치대듯 섞어요.

3 개당 250g 정도의 양으로 나눠 동그랗고 납작하게 빚어요.

★ 완자 크기로 작고 동그랗게 빚어서 익히면 미트볼이 됩니다.

4 오븐이나 에어프라이어에서 180도로 20~25분 정도 구워 완성해요.

★ 프라이팬에 익힐 경우 기름을 가볍게 두른 뒤 약불로 뚜껑을 덮고 조리해야 겉면이 타지 않아요.
★ 취향에 따라 키토 스테이크소스, 소금, 와사비, 홀그레인머스터드를 곁들여 먹으면 좋아요.

Plus Keto Cooking

키토 스테이크소스

☐ 저당 케첩 5숟가락　☐ 간장 3숟가락　☐ 알룰로스 2숟가락　☐ 식초 1숟가락
☐ 맛술 1숟가락　☐ 마늘 2개　☐ 고춧가루 1/2숟가락　☐ 후추 약간
☐ 올리브오일 3숟가락

···········

1 마늘은 다져서 준비해요.
2 작은 팬에 올리브오일을 두르고 약불로 마늘과 고춧가루를 볶아요.
3 팬에 모든 재료를 다 넣고, 물을 1/2컵 정도 넣어 약불로 끓여요.
4 보글보글 끓기 시작하면 3~4분 정도 더 졸여 완성해요.

종독되는 짭조름 양념의 비밀은?

소불고기

간장 베이스 양념의 고기 요리는 레시피가 거의 비슷해서 이 레시피의 불고기 양념은 다양한 키토 요리에 적용 가능합니다. LA갈비를 재울 수도 있고, 갈비찜을 재울 수도 있으니 응용해 보세요. 고기 100g당 간장을 1숟가락으로 계산해서 비율대로 넣으면 딱 맞게 간을 맞출 수 있답니다.

2인분

요리시간
45분

재료

- ☐ 소고기 불고깃감 500g
- ☐ 대파 1대
- ☐ 양파 1/2개
- ☐ 표고버섯 적당량
- ☐ 쌈채소 적당량

양념장 재료

- ☐ 양파 1개
- ☐ 대파 1/3대
- ☐ 다진 마늘 1숟가락
- ☐ 간장 5숟가락
- ☐ 맛술 3숟가락
- ☐ 참기름 1숟가락
- ☐ 알룰로스 2숟가락
- ☐ 후추 약간

1

대파 1대는 어슷 썰고, 양파는 채 썰고 표고버섯은 편으로 썰어요. **양념장 재료**의 양파는 갈고 대파는 다져요.

2

양념장 재료를 볼에 넣고 잘 섞어요.

3

불고깃감 고기를 떼어서 켜켜이 양념장에 적셔주듯 버무려요.

4

3을 30분 정도 숙성시킨 후에 대파, 양파, 버섯을 넣어 가볍게 섞어요.

5

중약불로 달군 팬에 **4**를 넣고 센 불로 볶아요.

★ 볶으면서 고기가 뭉치지 않도록 떼어 주면 좀 더 야들야들해져요.

6

잘 익은 불고기에 쌈채소를 곁들여 완성해요.

1인분

요리시간
20분

이색적인 풍미가 예술
몽골리안비프

오리지널 몽골리안비프는 전분에 한 번 코팅된 소고기로 요리하지만, 전분만 빼고 똑같이 조리해도 맛에는 큰 차이가 없답니다. 오히려 밑간 과정을 생략하고 바로 볶으니 맛은 비슷하지만 요리시간은 훨씬 짧아져서 좋아요.

만드는 법 ··

재료

- ☐ 소고기 300g
  ★ 등심, 갈빗살, 살치살 등 기름
  진 부위를 추천합니다.
- ☐ 청경채 3개
- ☐ 마늘 5개
- ☐ 올리브오일 2숟가락

소스 재료

- ☐ 간장 1+1/2숟가락
- ☐ 저당 굴소스 1숟가락
- ☐ 알룰로스 1숟가락
- ☐ 맛술 2숟가락
- ☐ 후추 약간

1

소고기는 한입 크기로 자른 뒤, 키친타월
로 물기를 최대한 제거해서 준비해요.

2

청경채는 세척 후 잎을 낱장으로 떼어 준
비하고 마늘은 얇게 썰어요.

3

소스 재료를 섞어 소스를 만들어요.

4

팬에 올리브오일을 두른 다음 마늘을 볶
아요.

5

팬에 고기를 넣고 센 불로 볶아요.

★ 겉면을 바삭하게 익히는 것이 핵심!

6

소스를 팬 가장자리로 두른 다음 고기와
함께 빠르게 볶아 고기에 소스가 잘 배도
록 해요.

7

마지막으로 청경채를 넣고 숨이 죽을 정
도로만 가볍게 볶아서 완성해요.

구이보다 맛있는 수육
부채살 압력수육
(희수육)

뉴욕에서 카니보어 다이어터로 활동하시는 강희수 님의 인스턴트 팟 수육, 일명 희수육이에요. 건강을 위해서 고기는 찌거나 삶아 먹는 게 가장 좋지만, 구워 먹는 것보다 맛이 없는 게 단점이지요. 하지만 건식염지을 해서 인스턴트팟 혹은 압력솥으로 조리한 수육은 구워 먹는 것보다 훨씬 더 맛있으니 꼭 만들어 보세요.

1인분

요리시간
40분

만드는 법 ·······································

건식염지 재료

□ 부채살(생고기) 300g
□ 소금 6g(고기 무게의 2%)

도구

□ 스테인리스 바트와 망

수육 재료

□ 대파 20cm
□ 마늘 5개

도구

□ 인스턴트팟 혹은 압력솥

건식염지 하기

부채살의 겉면은 키친타월로 꾹꾹 눌러서 물기를 제거해요.

스테인리스 망 위에 고기를 놓고 앞뒤로 골고루 소금을 바른 후 뚜껑 없이 냉장고에 6~24시간 정도 넣어 놓아요.

★ 총 소금의 양은 고기 무게의 2% 정도가 적당해요.

희수육 삶기

염지가 된 부채살을 인스턴트팟에 넣고 고기가 반 정도 잠길 정도의 물을 부은 다음 대파와 마늘을 넣어요.

인스턴트팟 고압 모드로 20분 정도 익힌 후 스팀을 강제 배출하여 완성해요.

★ 압력솥으로 조리할 경우, 압력추가 완전히 올라온 이후 약불로 20분간 익혀요.
★ 수육을 하며 나온 국물은 곁들여 먹거나 수육된장찌개(138쪽 참고) 등 요리에 활용할 수 있으니 버리지 마세요.

Doctor Lee's Keto Tip

수육은 육류의 맛과 영양을 살리면서도 고기 요리에서 올 수 있는 염증이나 당독소, 알레르기에 대한 걱정을 덜어주는 아주 좋은 한국식 요리입니다.

활용 만점! 맛은 십만 점!
아롱사태수육과 육수

소고기 수육 중에서도 아롱사태수육은 독특한 식감으로 인기가 많아요. 대형마트에서 리테일팩으로 저렴하게 구매해서 수육으로 만들고 소분해서 냉장고에 넣어 놓으면 언제든 간편하게 즐길 수 있고 가성비도 좋아요. 다만 아롱사태는 삶으면 고기가 절반 정도로 줄어드니 삶은 뒤에 크기를 보고 놀라지 마세요.

재료

- □ 아롱사태 1kg
- □ 다시마 3~4조각
- □ 대파 1대

아롱사태는 미리 가볍게 씻어 놓아요.

냄비에 물 4ℓ를 넣고 다시마, 대파를 넣어 약한 불로 가열해요.

★ 인스턴트팟이 있다면 아롱사태가 잠길 정도의 물을 붓고 고압모드로 30분 정도 익힌 다음 스팀을 자연배출 하면 됩니다.

물이 끓으면 아롱사태를 넣고 센불로 높여요.

물이 끓으면 약불로 줄인 후, 뚜껑을 덮고 1시간 반 정도 끓여요.

고기를 꺼내서 한 김 식힌 뒤, 1회분 분량의 덩어리로 썰어 완성해요.

★ 아롱사태는 1회분(200~300g)을 덩어리로 소분해서 냉장 보관으로는 3~5일, 그 이상은 냉동 보관해 놓았다가 해동해서 먹으면 간편해요.

육수는 건더기를 걸러 1회분(250~300㎖)으로 소분하여 보관해요.

Plus Keto Cooking

아롱사태수육조림

- □ 아롱사태수육 300g □ 수육 육수 1/2컵
- □ 우지 2숟가락 ★라드나 올리브오일로 대체할 수 있어요.
- □ 대파 1/2대 □ 마늘 5개 □ 간장 3숟가락 □ 액젓 1숟가락 □ 알룰로스 2숟가락
- □ 참기름 1숟가락 □ 참깨 약간

1 대파를 다지고 냉장보관된 수육을 3mm 두께로 얇게 썰어서 준비해요.
2 팬에 우지를 두른 뒤, 마늘과 다진 대파를 넣고 중간불로 볶아 향을 내요.
3 볼에 육수와 간장, 액젓, 알룰로스를 넣고 잘 섞은 다음 팬에 붓고 약불로 졸여요.
　★육수가 없으면 물을 넣어도 됩니다.
4 소스가 졸아들면 불을 끄고 참기름을 넣어 잘 섞어요.
5 접시 위에 수육을 가지런히 올린 다음 소스를 붓고, 참깨를 뿌려 완성해요.

아롱사태수육무침

입맛 없는 여름철, 냉장고에서 바로 꺼내 썰어낸 수육에 톡 톡 쏘는 소스로 버무린 부추를 곁들여 먹으면 여름 고태기 극복도 어렵지 않아요. 미리 만들어 냉동고에 보관해 놓은 아롱사태수육만 있으면 뚝딱! 언제든 만들 수 있는 근사한 요리랍니다.

1인분

요리시간 20분

재료

- ☐ 아롱사태수육 200g
  - ★ 68쪽 아롱사태수육과 육수를 참고 하세요.
- ☐ 양파 1/2개
- ☐ 영양부추 100g
  - ★ 영양부추 대신 달래나 미나리, 고 수 등 제철 향채소를 사용해도 좋 아요.
- ☐ 깻잎 5장
- ☐ 당근 1/4개

겨자소스 재료

- ☐ 연겨자 2/3숟가락
- ☐ 알룰로스 1숟가락
- ☐ 식초 2숟가락
- ☐ 소금 1/3숟가락
- ☐ 물 2숟가락

겨자소스 재료를 섞어 소스를 만들어요.

★ 겨자소스는 2~3배 분량을 미리 만들어서 냉장고 에 넣어 숙성시키면 더 맛있어요.

아롱사태수육은 한 김 식혀서 냉장고에 서 2~3시간 이상 넣어 두어 단단하게 만 든 뒤, 최대한 얇게 썰어요.

★ 식힌 뒤에 썰어야 얇게 썰 수 있어요.

양파, 당근, 깻잎은 채 썰고 영양부추도 나머지 채소 재료 길이에 맞춰서 썰어요.

볼에 채소를 담고 겨자소스를 넣어 버무 려요.

접시에 버무린 채소를 담고 수육을 가지 런히 담아 완성해요.

겨울에도 여름에도 최고의 보양식!

아롱사태수육전골

추운 겨울에는 수육만 먹기 아쉬우니 전골로 보글보글 끓이면서 즐겨 보세요. 몸과 마음이 뜨끈해져요. 더운 여름에도 이만한 보양식이 없답니다. 외식으로 먹기엔 가격이 만만치 않은 수육전골을 집에서 저렴하게 양껏 즐길 수 있어요. 한 번 만들어보면 정말 쉽습니다.

2인분

요리시간
20분

재료

- ☐ 아롱사태수육 300g
  - ★ 68쪽 아롱사태수육과 육수를 참고 하세요.
- ☐ 육수 3컵
  - ★ 68쪽 아롱사태수육과 육수를 참고 하세요.
- ☐ 부추 100g
- ☐ 팽이버섯 1봉
- ☐ 대파 1대

와사비소스 재료

- ☐ 간장 2숟가락
- ☐ 식초 1숟가락
- ☐ 물 2숟가락
- ☐ 와사비 1/6숟가락

와사비소스 재료를 잘 섞어 소스를 만들 어요.

아롱사태수육은 한 김 식혀서 냉장고에 2~3시간 이상 넣어 두어 단단하게 만든 뒤, 칼로 얇게 썰어요.

★ 식힌 뒤에 썰어야 얇게 썰 수 있어요. 두께는 취향 껏 조절해요.

부추와 팽이버섯을 7cm 정도 길이로 썰 어요.

★ 전골 채소로 배추, 버섯, 깻잎 등을 추가해도 맛있 어요.

대파는 잘게 다져요.

넓은 전골냄비에 부추와 팽이버섯을 바 닥에 돌려가며 깐 다음, 수육을 가지런히 올려요.

육수를 부은 후 다진 대파를 올리고 끓으 면 바로 불을 끈 다음 소스를 곁들여 완 성해요.

영양과 맛, 둘 다 잡는다!
간장양념목살

단짠의 매력이 돋보이는 돼지고기 목살 양념구이는 직화로 구워 먹을 때 가장 맛있지만, 프라이팬에 국물이 자작하게 요리해서 먹어도 맛있어요. 상추, 깻잎쌈과 함께 드시면 맛도 좋지만 포만감과 영양 밸런스 면에서도 좋습니다.

2인분

요리시간
15분

고기요리

재료

- ☐ 돼지고기(제육용) 500g
- ☐ 청양고추 1개
- ☐ 대파 1대
- ☐ 팽이버섯 1봉
- ☐ 쌈채소 적당량

양념 재료

- ☐ 양파 1개
- ☐ 다진 마늘 1숟가락
- ☐ 간장 5숟가락
- ☐ 에리스리톨 1숟가락
- ☐ 알룰로스 2숟가락
- ☐ 생강가루 1/6숟가락
- ☐ 맛술 3숟가락

1 양파는 물이 생길 때까지 곱게 간 다음 나머지 **양념 재료**를 넣고 잘 섞어 양념을 만들어요.

2 돼지고기는 키친타월로 눌러 핏기를 제거해요.

3 볼에 고기와 양념을 넣고 골고루 버무려 통에 담아서 냉장고에서 하루 정도 간이 배도록 숙성시켜요.

4 팽이버섯은 밑동을 제거하고 대파는 어슷 썰고 청양고추는 다져요.

5 달궈진 팬에 숙성된 고기를 올린 다음 대파와 청양고추를 넣고 중불로 3분 정도 뒤적거리며 구워요.

6 국물이 자작하게 생기면 취향껏 익힌 다음 마지막에 팽이버섯을 넣어 1분 정도 가볍게 볶은 후 쌈채소를 곁들여 완성해요.

★ 자작한 국물이 싫다면 센 불에서 졸이듯 완전히 익혀요.

이렇게 쉬운 불고기가!

콩나물불고기

어느 마트에 가도 있는 흔한 식재료만으로도 그럴듯한
맛을 즐기고 싶을 때, 돼지고기로 콩나물불고기를 만들
어 보세요. 냉장고에 있는 자투리 채소 어떤 것을 넣어도
맛있어요.

1인분

요리시간
25분

76

만드는 법 ....

재료

- ☐ 대패삼겹살 300g
- ☐ 대파 1대
- ☐ 양파 1/2개
- ☐ 깻잎 1묶음
- ☐ 청양고추 1개
- ☐ 콩나물 1봉지

양념장 재료

- ☐ 저당 고추장 2숟가락
- ☐ 고춧가루 1숟가락
- ☐ 간장 2숟가락
- ☐ 맛술 2숟가락
- ☐ 들기름 1숟가락
- ☐ 다진 마늘 1/3숟가락

1

콩나물은 깨끗이 씻고 체에 밭쳐 물기를 제거해요.

2

양파는 채 썰고 깻잎은 6등분 하고, 대파와 청양고추는 어슷 썰어요.

3

양념장 재료들을 잘 섞어 양념장을 만들어요.

4

궁중팬에 콩나물, 양파, 대파 순서로 올린 다음 맨 위에 대패삼겹살과 양념장을 올려요.

5

센 불로 익히면서 채소의 숨이 죽고 물기가 생기면 보글보글 끓이듯 3분 정도 더 익혀요.

6

깻잎과 청양고추를 넣고 1분 정도 가볍게 뒤적이며 끓여 완성해요.

가성비 국민 요리
돼지제육볶음

제육용으로 손질되어 있는 돼지고기를 사서 간단한 양념만으로 볶아 먹어도 맛있어요. 가장 저렴한 편에 속하는 돼지고기 앞다릿살이나 뒷다릿살로 부담 없이 즐기는 가성비 고기 메뉴랍니다.

재료

☐ 돼지고기 앞다릿살 600g
　(제육용)
☐ 양파 1개
☐ 대파 1대
☐ 올리브오일 4숟가락

양념장 재료

☐ 저당 고추장 3숟가락
☐ 고춧가루 2숟가락
☐ 다진 마늘 1숟가락
☐ 간장 2숟가락

　★ 단맛이 필요하다면 알룰로스
　　1~2숟가락을 추가해 보세요.

1 대파는 다지고 양파는 채 썰어요.

2 큰 볼에 **양념장 재료**를 넣고 잘 섞어요.

3 제육용 고기에 양념장을 넣고 함께 잘 섞어요.

　★ 시간 여유가 있다면 30분 정도 재워두었다가 볶으면 더 맛있어요.

4 중약불로 달군 프라이팬에 올리브오일을 두른 뒤, 다진 대파를 1분 정도 볶아 향을 내요.

5 양념된 고기를 프라이팬에 넣고 5분 정도 볶아요.

6 고기가 거의 익어갈 때 채 썬 양파를 넣고 가볍게 볶아 완성해요.

　★ 양파의 식감이 살아있어야 더 맛있으니 양파는 마지막에 넣고 가볍게 볶아요.

진하고 뜨끈한 국물맛에 감동!
감자 없는 감자탕

감자탕 이름의 유래에 대해서는 여러 가지 설들이 있는데, 돼지 등뼈를 감자뼈라고 부르기 때문에 감자탕이라고 부른다는 설도 있어요. 탄수화물 함량이 높은 감자를 넣지 않고 돼지 감자뼈(돼지 등뼈)와 우거지만 넣어서 감자탕을 만들어도 정말 맛있답니다.

2인분

요리시간
2시간

재료

- ☐ 돼지 등뼈 1kg
- ☐ 우거지 500g
- ☐ 깻잎 40g
- ☐ 들깻가루 2숟가락

  ★ 시중 들깻가루는 전분이나 콩가
  루 등이 섞여 있는 제품이 많으
  니 구매 시 성분을 확인하세요.

양념장 재료

- ☐ 된장 4숟가락
- ☐ 저당 고추장 1숟가락
- ☐ 고춧가루 3숟가락
- ☐ 맛술 3숟가락
- ☐ 다진 마늘 3숟가락
- ☐ 다진 생강 1/3숟가락

깨끗하게 씻은 등뼈는 차가운 물에 30분 정도 담가 뼛가루와 핏물을 제거해요.

양념장 재료를 섞어 양념장을 만들어요.

등뼈를 끓는 물에 넣어 2~3분 정도 가볍게 삶아낸 다음, 차가운 물로 헹구며 구석구석 이물질을 제거해요.

냄비에 손질한 등뼈를 담고, 등뼈가 잠길 정도로 물을 넣은 다음, 양념장을 올려서 센 불로 끓여요.

물이 끓기 시작하면 중불로 줄여서 30분 정도 끓인 다음 우거지를 넣고 30분을 더 끓여요.

먹기 직전 들깻가루와 깻잎을 넣어 한소끔 끓여낸 뒤 그릇에 담아 완성해요.

꽤 근사한 간단 요리
순대부속볶음

집에 마땅히 먹을 게 없을 때는 동네 분식집에 들러 순대와 내장을 포장해 와서 냉장고에 있는 채소들과 함께 볶아 보세요. 아주 그럴듯한 한끼가 완성된답니다. 단, 순대는 당면이 가득 들어있어서 탄수화물 함량이 높아요. 순대를 살 때는 순대 3조각에 나머지는 내장으로만 사세요.

재료

- □ 순대 3조각
- □ 부속(내장) 250g
- □ 양배추 250g
- □ 깻잎 10장
- □ 양파 1/2개
- □ 당근 1/4개
- □ 애호박 1/4개
- □ 청양고추 1개
- □ 마늘 3개
- □ 올리브오일 4숟가락

양념장 재료

- □ 저당 고추장 3숟가락
- □ 고춧가루 1숟가락
- □ 간장 1숟가락
- □ 다진 마늘 1숟가락
- □ 들깻가루 2숟가락
- □ 맛술 2숟가락
- □ 후추 약간

1 양파와 양배추는 채 썰고, 당근과 애호박은 반 갈라 어슷 썰고, 깻잎은 한입 크기로 썰고, 청양고추는 어슷 썰고, 마늘은 얇게 썰어요.

2 **양념장 재료**를 섞어 양념장을 만들어요.

★ 양념장은 하룻밤 정도 숙성해서 조리하면 더 맛있어요.

3 뚜껑이 있는 프라이팬에 오일을 두른 후 깻잎을 제외한 채소를 넣고 그 위에 순대와 부속을 담아 양념장을 올려준 다음 뚜껑을 덮고 중간불로 5분 정도 가열해요.

4 채소가 익으면서 바닥에 물기가 생기면 뚜껑을 열고, 불을 센 불로 올려서 양념과 함께 버무리듯 뒤적이며 2~3분 볶아요.

5 채소와 순대에 양념이 어우러지며 잘 익으면 깻잎을 넣고 가볍게 볶아 완성해요.

고기요리

온가족이 좋아하는
돼지갈비찜

소갈비찜보다 더 맛있는 돼지갈비찜을 집에서 해먹어 보면 어떨까요? 핏물을 빼는 과정만 다소 번거로울 뿐, 조리과정은 어렵지 않아요. 맛있는 돼지갈비찜의 비법은 미리 간이 배도록 숙성의 시간을 주는 것이니 하루 정도 여유를 두고 만들어보세요.

재료

- □ 돼지갈비(갈비찜용) 1kg
- □ 맛술 2컵
- □ 당근 1개
- □ 표고버섯 5개
- □ 대파 1대

양념 재료

- □ 무 1/4개(100g)
- □ 양파 1개
- □ 다진 마늘 3숟가락
- □ 다진 생강 1숟가락
- □ 간장 10숟가락
- □ 에리스리톨 5숟가락
- □ 참기름 1숟가락
- □ 후추 약간

1. 돼지갈비는 흐르는 물에 씻은 후, 1시간 정도 찬물에 담가 뼛가루와 핏물을 빼요.

2. 돼지갈비의 물기를 제거한 다음 냄비에 담고, 맛술을 넣어 30분 정도 재워요.

3. 대파는 어슷 썰고, 당근은 한입 크기로 썰고, 표고버섯은 밑동을 제거해 2~4등 분 해요.

4. 무와 양파는 갈아서 준비해요.

5. 간 무, 양파 등 **양념 재료**를 섞어서 갈비 양념을 만들어요.

6. 고기를 재워 놓은 냄비에 양념을 넣고 뒤적인 다음, 골고루 간이 배도록 30분 정도 재워요.

7. 냄비에 당근과 표고버섯, 대파를 넣고 끓여요.

8. 한 번 끓어오르면 불을 중약불로 줄이고 30~40분 정도 뒤적이며 졸여 완성해요.

굽지 말고 볶아요
삼겹살 꽈리고추볶음

구워서 먹기만 하던 삼겹살, 이번엔 매콤 아삭한 꽈리고추를 곁들여 볶아 보세요. 꼭 삼겹살이 아니라 앞다릿살, 뒷다릿살 등의 부위로도 가능해요. 지방이 적은 부위로 할 때는, 볶을 때 올리브오일이나 라드 등을 추가하세요.

재료

☐ 삼겹살 300g
☐ 꽈리고추 10개
☐ 간장 30㎖
☐ 다진 마늘 약간
☐ 에리스리톨 1/3숟가락

1 꽈리고추는 2cm 길이로 썰어요.

2 달군 팬에 삼겹살을 올려 굽다가 적당히 익으면 먹기 좋은 크기로 잘라요.

3 다진 마늘과 에리스리톨을 넣어서 1분 이내로 가볍게 볶아요.

4 간장을 넣고 골고루 간이 배도록 뒤적이며 섞어요.

5 꽈리고추를 넣고 30초 정도 함께 볶아 완성해요.

Doctor Lee's Keto Tip

삽겹살은 키토식의 효과를 가장 쉽고 확실하게 볼 수 있도록 돕는 좋은 식재료예요. 그렇지만 히스타민으로 인한 알레르기 가능성도 있어, 지나치게 삼겹살 위주로 먹는 것은 좋지 않아요. 이왕이면 돼지고기는 갓 도축한 신선한 것으로 드시는 것이 좋습니다.

쫀득하고 촉촉해
삼겹살수육

통삼겹살을 삶으면 지방은 단단하면서도 쫀득해지고, 살코기 부분은 퍽퍽함이 사라지고 촉촉해져서 더 맛있어진답니다. 수육은 삶아서 2~3시간 정도 차게 식히면 아주 예쁘게 자를 수 있어요.

2인분

요리시간
1시간

만드는 법 ··

재료

□ 통삼겹살 600g
□ 마늘 6개
□ 양파 1/2개
□ 대파 1/2대
□ 월계수잎 2장
□ 소금 1/3숟가락

1

센 불로 달군 팬에 통삼겹살을 넣고 네 면을 30초씩 구워요.

★ 바쁘고 번거롭다면 이 과정은 생략해도 괜찮아요.

2

깊은 냄비에 삼겹살, 마늘, 양파, 대파, 월계수잎, 소금을 넣고, 재료들이 잠길 정도로 물을 부은 다음 뚜껑을 연 채로 센 불에서 끓여요.

3

물이 끓기 시작하면 중불로 줄인 다음 뚜껑을 덮고 30분간 끓여요.

★ 젓가락으로 고기를 찔러서 부드럽게 잘 들어가면 다 익은 거예요.

4

고기를 한 김 식혀서 썰고 접시에 담아 완성해요.

★ 바로 썰면 고기가 쉽게 으스러지니 한 김 식히거나 냉장고에서 몇 시간 보관한 뒤에 썰어요.

Plus Keto Cooking ────────────

알배추절임

□ 알배추 1/2통 □ 물 400㎖ □ 소금 5숟가락

··

1 알배추의 잎을 1장씩 떼어서 깨끗하게 씻어요.
2 400㎖의 물에 소금 5숟가락을 잘 녹여요.
3 2의 소금물에 배추를 15분 정도 담가 절인 다음, 물기를 잘 빼서 완성해요.

마법의 가루만 있으면 OK!

닭정육오븐구이

마법의 가루라 불리는 파프리카파우더만 있으면 집에서도 맛있는 오
븐구이 치킨을 먹을 수 있어요. 미리 염지를 해두는 게 조금 번거로
울 수 있지만, 조리가 간단하니 시간 여유가 있는 주말에 느긋한 마
음으로 도전해 보세요.

1인분

요리시간
30분

만드는 법 ⋯⋯⋯⋯⋯⋯⋯⋯⋯⋯⋯⋯⋯⋯⋯⋯⋯⋯⋯⋯⋯⋯⋯⋯⋯⋯⋯⋯⋯⋯⋯⋯⋯⋯⋯⋯⋯⋯

재료

☐ 닭고기 정육 300g
☐ 소금 1숟가락
☐ 파프리카파우더 1숟가락

1 닭고기 정육을 한입 크기로 썰어요.

2 키친타월로 고기 표면의 물기를 닦은 후, 소금과 파프리카파우더를 골고루 묻혀요.

3 바트에 담아 냉장고에 넣고 건식염지 해요.

★ 하룻밤(8시간)을 넘지 않도록 해요.

오븐이라면 180도에서 25~30분 구워요.

4 에어프라이어에 넣고 180도에서 10분 굽고 뒤집어서 10분 더 구워요.

★ 양배추샐러드나 코울슬로를 곁들이면 좋아요.

Plus Keto Cooking

양배추코울슬로

☐ 채 썬 양배추 200g   ☐ 소금 1/2숟가락   ☐ 식초 1숟가락
☐ 저당 마요네즈 3숟가락   ☐ 알룰로스 2숟가락   ☐ 후추 약간

1 채 썬 양배추를 볼에 담고 소금과 식초를 넣고 잘 버무린 다음 15분 정도 절여요.
   ★당근, 양파 등이 있다면 추가해도 좋아요.
2 양배추의 숨이 죽으면 물기를 꽉 짜낸 뒤, 저당 마요네즈, 알룰로스를 넣고 잘 버무려요.
3 먹기 직전에 후추를 살짝 뿌려 완성해요.

한입에 쏙쏙!
닭다릿살 대파구이

닭다릿살 통정육은 가성비 좋은 식재료예요. 특히 파와 잘 어울리는데, 구워서 곁들여도 좋고, 생으로 파채를 해서 곁들여도 좋으니 취향껏 만들어 보세요. 이 레시피대로 그냥 구워도 좋지만 닭고기를 한입 크기로 잘라 파와 함께 꼬치에 꿰어서 닭꼬치를 만들어도 됩니다.

···

재료

☐ 닭다릿살 통정육 300g
☐ 대파 2대
☐ 통마늘 5개
☐ 올리브오일 3숟가락

데리야끼소스 재료

☐ 간장 2숟가락
☐ 맛술 2숟가락
☐ 알룰로스 1숟가락
☐ 저당 굴소스 1/3숟가락

1

닭은 깨끗하게 손질해 물기를 완전히 제거해요.

2

대파 줄기 부분을 세로로 반 가른 후, 5cm 길이로 썰어요.

3

데리야끼소스 재료를 작은 볼에 담고 잘 섞어 소스를 만들어요.

4

달군 프라이팬에 올리브오일을 두르고 닭다릿살을 중불에서 5분 동안 앞뒤로 구워요.

5

고기가 거의 다 익어가면 팬에 대파와 통마늘을 넣어요.

6

약불로 줄이고 고기 앞뒷면에 데리야끼소스를 여러 번 덧바르며 졸이듯 익혀요.

★ 고기가 덜 익은 상태에서 소스를 바르기 시작하면 소스가 쉽게 타니 고기를 거의 익힌 뒤 바르면서 졸이듯 추가로 익혀주세요.

7

골고루 양념이 배어들어 노릇하게 익으면 한입 크기로 잘라서 완성해요.

Doctor Lee's Keto Tip

닭고기는 단백질의 결합조직이 약해 소화가 잘 되는 양질의 단백질 공급원입니다. 그러나 한편으로 다가불포화지방산 함량이 높아 자주, 많이 드실 경우 염증을 유발할 수 있습니다. 또한 가금류는 생육 환경 자체가 좋지 못한 경우가 많기 때문에 주의가 필요합니다.

중독되는 매콤함
닭볶음탕

닭볶음탕의 성공 비결은 닭을 미리 염지해 놓는 것인데요. 염지를 해놓으면 밑간이 배어서 국물과 고기가 따로 놀지 않는답니다. 시간 여유를 두고 염지한 뒤에 만들면 실패 확률 제로! 찜닭과 닭볶음탕은 재료가 비슷하고 양념만 달라 요리하는 방법이 비슷하니 닭볶음탕에 성공했다면 찜닭도 도전해 보세요.

2~3인분

요리시간
40분

재료

- ☐ 닭 절단육 1.2kg
- ☐ 연근 1/2개
- ☐ 단호박 1/2개
- ☐ 대파 1대
- ☐ 양파 1개
- ☐ 소금 2/3숟가락
- ☐ 후추 1/3숟가락
- ☐ 파프리카파우더 1/3숟가락
- ☐ 맛술 2숟가락
- ☐ 물 2컵

양념장 재료

- ☐ 저당 고추장 1숟가락
- ☐ 간장 2숟가락
- ☐ 고춧가루 2숟가락
- ☐ 다진 마늘 1숟가락
- ☐ 에리스리톨 2숟가락
- ☐ 후추 약간

1

닭고기에 소금, 후추, 맛술, 파프리카파우더를 뿌리고 골고루 버무린 뒤, 그릇에 담아 냉장고에서 1시간 이상 염지해요.

★ 파프리카파우더는 맛에 큰 영향을 주지 않아 생략 가능해요.

2

연근, 단호박, 양파는 한입 크기로 썰고 대파는 어슷 썰어요.

3

양념장 재료는 볼에 넣어 섞어요.

4

냄비에 염지한 닭, 연근, 양념장, 물을 넣어 센 불로 10분간 끓여요.

5

단호박과 양파를 넣고, 불을 중불로 줄인 뒤 10분간 조려요.

6

대파를 넣고 가볍게 뒤적이며 센 불로 끓여 완성해요.

고기요리

요리시간
40분

매콤짭짤해 자꾸 당기는
간장찜닭

안동의 대표 음식, 찜닭은 생각보다 물엿과 설탕이 많이 들어가요. 하지만 단맛을 빼고 간장과 고추로 매콤짭짤하게 만들면 깔끔하고 맛있게 먹을 수 있는 키토식이 된답니다. 만약 맵단짠 오리지널 안동찜닭 스타일을 원하신다면 물 대신 제로콜라를 넣어서 만들어 보세요.

재료

- ☐ 닭 절단육 1.2kg
- ☐ 소금 2/3숟가락
- ☐ 후추 1/3숟가락
- ☐ 파프리카파우더 1/3숟가락
- ☐ 맛술 2숟가락
- ☐ 마늘 5개
- ☐ 양파 1+1/2개
- ☐ 당근 1/2개
- ☐ 대파 1대
- ☐ 새송이버섯 1개
- ☐ 양배추 1/4통(300g)
- ☐ 실곤약 1/2봉지

양념장 재료

- ☐ 간장 12숟가락
- ☐ 다진 마늘 1숟가락
- ☐ 건고추 3개
- ☐ 물 2컵

1 닭고기는 깨끗하게 씻어서 물기를 제거하고 소금, 후추, 맛술, 파프리카파우더를 뿌려 골고루 버무린 뒤, 그릇에 담아 냉장고에서 1시간 이상 재워요.

2 실곤약은 뜨거운 물에 헹군 뒤 물기를 빼서 준비해요.

3 양파 1개, 당근, 양배추, 새송이버섯은 한입 크기로 썰고 대파는 5cm 길이로 썬 뒤 2등분해요. 양파 1/2개는 갈아요.

4 **양념장 재료**와 간 양파는 미리 섞어서 준비해요.

★ 단맛이 필요하다면 알룰로스 3숟가락을 넣거나 물 대신 제로콜라를 사용해 보세요.

5 냄비에 재워 놓은 닭을 넣고 양념장, 당근, 마늘, 실곤약을 넣은 다음 강불에서 10분 정도 끓여요.

6 양파, 양배추, 새송이버섯을 넣고 10분간 중불로 조려요.

7 대파를 넣고, 후추를 살짝 뿌린 다음 가볍게 뒤적이며 끓여 완성해요.

고기요리

닭날개구이

오븐이나 에어프라이어에 구워 먹는 요리 중 가장 쉬우면서 맛있는 요리예요.
닭고기 부위 중에서도 콕 찝어 닭날개 부위만을 추천하는 이유는 익는 시간이
짧고, 껍질과 적당한 살코기가 양념과 환상의 조합을 이루기 때문이랍니다.

1~2인분

요리시간
25분

만드는 법 ···

재료

□ 닭날개 1팩(800g)
□ 소금 1/3숟가락
□ 후추 약간

갈릭마요네즈 재료

□ 저당 마요네즈 3숟가락
□ 디종머스터드 1숟가락
□ 갈릭파우더 1/3숟가락
□ 레몬즙 1숟가락
□ 알룰로스 1/3숟가락

1

갈릭마요네즈 재료를 섞어 소스를 만들 어요.

2

닭날개를 물로 가볍게 세척한 다음 키친 타월로 물기를 제거해요.

3

소금과 후추로 밑간을 해요.

★ 파프리카파우더가 있다면 활용해도 좋아요.

4

닭날개를 에어프라이어에 넣고 180도에 서 10분간 구운 다음, 뒤집어서 5분 더 구워요.

★ 오븐이라면 180도에서 20분 정도 구워요.

5

그릇에 담고 갈릭마요네즈를 곁들여 완 성해요.

1인분

요리시간
20분

집에서 느끼는 이국적인 맛!
양큐브살 샐러리구이

양고기에는 지방 대사에 도움이 되는 카르니틴의 함량이 높아서 입맛에 맞는다면 자주 드시는 게 좋아요. 고급스럽게 양갈비나 프렌치렉도 좋지만, 가격이 만만하고, 조리하기 편한 양꼬치용 큐브 고기로 부담 없이 양고기를 즐겨봐요.

만드는 법 ....

재료

☐ 양깍둑살 300g
  ★ 양깍둑살은 주로 냉동으로 판매 되기 때문에 냉장실에서 하루 이상 충분히 해동해서 사용하세요.

☐ 샐러리 150g
  ★ 샐러리 대신 청경채를 사용해도 좋아요.

☐ 올리브오일 3숟가락

☐ 소금 약간

☐ 후추 약간

선택재료

☐ 강황 혹은 쯔란 약간

양고기는 키친타월로 핏기를 제거해서 준비해요.

★ 조리하기 한 시간 전에 취향에 맞춰 강황, 혹은 쯔란 등에 미리 마리네이드 해두면 더 맛있게 드실 수 있어요.

샐러리는 한입 크기로 어슷 썰어요.

달군 팬에 올리브오일을 두른 뒤, 중간불로 양깍둑살을 익혀요.

고기가 80% 정도 익었으면 샐러리를 넣고 소금으로 간을 한 다음 강불로 빠르게 볶아요.

★ 샐러리 외에 다양한 채소를 넣어도 좋아요.

접시에 담고 후추를 뿌려 완성해요.

양고기 입문자도 부담 없는 맛
양제비추리구이

양의 제비추리는 잘 알려져 있진 않지만 다른 양고기에 비해 가격도 저렴하고 담백한 맛을 가지고 있어요. 결이 길고 길쭉한 모양이 특이한데, 양고기가 생소하신 분들은 가볍게 마리네이드 해서 요리해 보세요. 양고기 마니아라면 바로 구워 먹어도 맛있게 즐길 수 있어요.

1인분

요리시간
20분

만드는 법

재료

- [ ] 양 제비추리 300g
- [ ] 올리브오일 3숟가락
- [ ] 로즈마리 1/3숟가락
- [ ] 다진 마늘 1/3숟가락
- [ ] 소금 1/3숟가락
- [ ] 후추 약간

1

작은 볼에 올리브오일과 로즈마리, 다진 마늘을 넣고 섞어요.

★ 마리네이드용 허브는 어떤 것이든 무방하니 취향에 맞게 고르세요. 양꼬치용 쯔란파우더를 활용해도 좋아요.

2

넓은 그릇에 양 제비추리를 잘 펼치고 골고루 소금을 뿌려요. **1**의 양념을 바른 후 뒤적여 마리네이드 한 뒤, 상온에서 1시간 정도 숙성시켜요.

3

에어프라이어에서 200도로 10분 구운 후, 뒤집어 8분 정도 더 굽고 후추를 뿌려 완성해요.

★ 프라이팬에 구울 경우 올리브오일을 두르고 노릇해질 때까지 구워요.

고기요리

KETO
RECIPE

2

면이나 밥이 생각날 때 먹는
한 그릇 요리

가볍지만 풍미는 그대로!
곤약면 투움바파스타

곤약면은 여러 가지 종류가 있는데, 그중 '샐러드곤약'이라고
불리는 넓은 곤약면이 크림파스타와 가장 잘 어울려요. 샐러
드곤약면 혹은 넓은 곤약면을 구하기 어렵다면 일반 실곤약
면을 활용해도 괜찮고 넓은 두부면을 활용해도 좋아요.

재료

- □ 곤약면 200g
- □ 칵테일 새우 1컵
- □ 파프리카파우더 1숟가락
- □ 페페론치노 3~4개
- □ 마늘 4개
- □ 양파 1/2개
- □ 양송이버섯 3개
- □ 대파 1/2대
- □ 생크림 250g
- □ 간장 1숟가락
- □ 슬라이스치즈 1장
- □ 올리브오일 3숟가락
- □ 소금 약간
- □ 후추 약간

1

양송이는 4등분하고, 양파는 채 썰고, 마늘은 편으로 썰고 대파는 다져요.

2

곤약면은 뜨거운 물로 한 번 헹구고 체에 받쳐 준비해요.

3

곤약면을 마른 팬에 넣고 5분 정도 센 불에 볶아서 곤약면이 가진 수분기를 최대한 날려요.

4

생크림에 다진 파와 간장을 넣고 잘 섞어서 10분 이상 재워요.

5

칵테일 새우는 물기를 제거한 다음 올리브오일 1숟가락과 파프리카파우더, 후추를 뿌리고 버무려 준비해요.

6

달궈진 팬에 올리브오일을 두르고 마늘을 30초 정도 볶다가 양파, 페페론치노를 넣고 매운 향이 올라오면 미리 양념해 둔 새우와 양송이를 마저 넣고 2~3분 더 볶아요.

7

새우가 익으면 생크림소스와 슬라이스치즈 1장을 넣어요.

8

소스가 바글바글 끓으면 곤약면을 넣은 다음 소금과 후추로 간을 맞춰 완성해요.

Plus Keto Cooking

곤약면 크림소스파스타

1~3 위 레시피와 동일해요.

4 달궈진 팬에 올리브오일을 두르고 편마늘을 30초 정도 볶다가 다진 베이컨(3장)을 넣고 노릇해질 때까지 구워요.

5 팬에 생크림 250㎖와 슬라이스치즈 1장을 넣고 바글바글 끓으면 곤약면을 넣어요.

6 한 번 더 끓어오르면 소금과 후추로 간을 해서 완성해요.

묵직한 소스의 풍미 가득!

두부면 라구소스파스타

고기가 들어간 토마토소스를 라구소스라고 부르고, 볼로냐 지방에서 만든 라구소스를 볼로네즈소스라고 불러요. 사실 같은 소스인데 볼로네즈소스는 고기가 좀 더 많이 들어가는 것이 특징입니다. 바질, 타임 등의 허브는 들어갈수록 맛있지만 없으면 안 넣어도 괜찮아요.

1인분

요리시간
2시간

재료

라구소스 재료(3~4회분)

☐ 소고기 다짐육 600g

★ 소, 양, 돼지고기 모두 가능해요.

☐ 버터 30g

☐ 라드 3숟가락

☐ 양파 1개

☐ 당근 1/2개

☐ 샐러리 2줄

☐ 토마토퓌레 400㎖

☐ 월계수잎 2장

☐ 다진 마늘 2숟가락

☐ 화이트와인 1컵

☐ 소금 2/3숟가락

☐ 후추 약간

☐ 육수 또는 물 1컵

파스타 재료(1인분)

☐ 두부면 1팩

☐ 양송이버섯 1/2컵

☐ 애호박 1/2컵

☐ 방울토마토 5개

☐ 올리브오일 2숟가락

☐ 그라나파다노치즈 약간

라구소스 만들기

1

양파, 당근, 샐러리를 잘게 다져요.

2

냄비에 버터를 두르고 다진 양파와 마늘을 볶다가 양파가 투명해지면 당근과 샐러리를 넣고 볶아요.

3

와인이 없다면 생략해도 괜찮아요

채소는 팬 가장자리로 밀고, 라드를 두른 다음 다진 소고기를 넣고 소금, 후추를 뿌린 후 으깨가며 중간불로 볶아요. 고기가 다 익었을 때, 화이트와인 1컵을 넣고 완전히 증발할 때까지 볶듯이 끓여요.

4

토마토퓌레, 물 또는 육수, 월계수잎을 넣고 저어가며 소스가 뻑뻑해질 때까지 약불로 1시간 이상 졸여서 완성해요.

★ 육수가 없을 때에는 굴소스 2숟가락을 넣어주면 감칠맛이 좋아져요.

파스타 만들기

5

양송이버섯은 0.5cm 두께로 썰고, 애호박은 반달썰기 하고, 방울토마토는 2등분해요.

6

달군 프라이팬에 올리브오일을 두르고 체에 밭쳐 물기를 뺀 두부면을 1분 내외로 볶아요.

7

버섯, 애호박, 방울토마토를 넣고 1~2분 볶아요.

8

채소가 살짝 익었을 때, 라구소스 1컵을 붓고 센 불로 1분 정도 가볍게 볶은 다음 접시에 담고 그라나파다노치즈를 갈아 뿌려서 완성해요.

칼칼한 국물맛 그대로 집에서 즐긴다!
두부면 해물짬뽕

식당 짬뽕 국물에는 대부분 설탕이 많이 들어가니 짬뽕은 가급적 집에서 만들어 드세요. 밀가루면 대신 두부면을 넣어도 좋고, 곤약밥을 넣어서 짬뽕밥으로 먹어도 좋아요. 면이나 밥 없이 먹을 때는 차돌박이를 잔뜩 넣어서 만들어 보세요.

1인분

요리시간
40분

110

재료

- ☐ 두부면 1팩
- ☐ 돼지고기 50g
- ☐ 모듬 해물 150g
  - ★ 냉동해물을 이용할 땐 미리 냉장
    실에서 해동시켜요.
- ☐ 마늘 5개
- ☐ 다진 마늘 1숟가락
- ☐ 다진 생강 1/4숟가락
- ☐ 대파 1대
- ☐ 청양고추 1개
- ☐ 양파 1/2개
- ☐ 당근 1/3개
- ☐ 호박 1/3개
- ☐ 고춧가루 2숟가락
- ☐ 간장 1숟가락
- ☐ 라드 1숟가락
- ☐ 저당 굴소스 1숟가락
- ☐ 소금 약간
- ☐ 후추 약간

1 당근, 호박, 양파는 채 썰고 대파, 청양고추는 송송 썰고, 마늘은 얇게 썰어 준비해요.

2 두부면은 가볍게 데친 후, 차가운 물에 헹군 다음 체에 밭쳐 준비해요.

3 달군 팬에 라드 1숟가락을 넣고 돼지고기를 가볍게 2~3분 볶아요.

4 고기가 반쯤 익었을 때 대파와 편마늘, 다진 생강, 다진 마늘을 넣고 중불로 1분 정도 볶아서 향을 내요.

5 대파와 마늘이 살짝 투명해지면 간장을 넣어 가볍게 볶고 양파, 당근, 호박을 넣어 숨이 죽을 때까지 3~5분 정도 볶아요.

6 볶음 마지막 단계에서 불을 약하게 줄인 후, 고춧가루를 넣고 가볍게 1분 내외로 볶아요.

★ 너무 센 불로 볶으면 고춧가루가 타니 주의해요.

7 고추기름이 배어 나오면 물 2~3컵을 3~4번에 나누어 부어요.

8 물이 끓어오르면 준비된 해물과 청양고추, 굴소스를 넣어서 1~2분 팔팔 끓이고, 소금과 후추로 간을 맞춰요.

9 두부면을 그릇에 담고 짬뽕 국물을 부어 완성해요.

아찔한 매운맛의 매력
매운닭볶음면

매운 음식은 식욕을 자극하고, 특히 단음식을 먹고 싶게 하기 때문에 자주 먹지 않는 것이 좋아요. 하지만 어쩌다 한 번 머리가 쭈뼛할 정도로 매운 면요리가 먹고 싶다면, 매운닭볶음면을 만들어 보세요.

재료

□ 곤약면 1봉지
　★ 취향에 따라 실곤약면, 넓은 곤약
　　면, 두부곤약면 등을 사용하세요.

□ 소고기비빔장 4숟가락
　★ 47쪽을 참고하세요.

□ 닭다릿살 150g
　★ 닭고기 정육을 사용해도 좋아요.

□ 대파 1줄

□ 올리브오일 3숟가락

선택재료

□ 상추 적당량

1

대파는 어슷 썰어요.

2

곤약면은 뜨거운 물로 한 번 헹구고 체에
받쳐 준비해요.

3

곤약면을 마른 팬에 5분 정도 센 불로 볶
아서 수분을 최대한 제거한 상태로 준비
해요.

4

달군 팬에 올리브오일을 두르고, 닭고기
를 노릇하게 구워서 따로 담아요.

5

닭고기를 구워낸 팬에 바로 대파를 넣고
볶다가 소고기비빔장 4숟가락을 넣고 아
주 짧게 볶아요.

6

볶은 비빔장에 곤약면을 넣고 볶아요.

7

접시에 **6**을 담고 구운 닭고기를 한입 크
기로 자른 뒤 올려서 완성해요.

★ 상추를 준비해서 육쌈냉면처럼 먹으면 색다른 맛
　을 즐길 수 있어요.

매콤달콤 입맛 돋우는
곤약비빔면

여름이 되면 생각나는 매콤달콤 비빔면도 키토식으로 만들어 먹을 수 있어요. 다만 실곤약은 곤약 중에서도 위장에서 잘 뭉치는 경향이 있어 소화가 잘 안 되니 면치기는 금물! 꼭꼭 씹어서 드세요.

1인분

요리시간
25분

한그릇요리

재료

□ 실곤약면 1봉지
□ 비빔초장 4숟가락
　★ 47쪽을 참고하세요.
□ 오이 1/3개
□ 상추 5장
□ 달걀 1개
□ 참기름 약간

1

실곤약면은 뜨거운 물로 한 번 헹구고 체에 밭쳐 준비해요.

2

마른 팬에 곤약면을 넣고 5분 정도 센 불로 볶아서 수분을 최대한 제거해요.

3

달걀은 삶아서 반으로 썰고 오이와 상추는 채 썰어요.

4

볼에 곤약면, 초장을 넣고 손으로 조물조물 비벼요.

★ 실곤약은 물기가 많고, 뭉치는 경향이 있기 때문에 손으로 조물조물 비벼야 간이 골고루 잘 배어요.

5

그릇에 곤약면을 담고, 오이와 상추, 달걀을 올린 다음 참기름을 살짝 둘러 완성해요.

Doctor Lee's Keto Tip

곤약면은 혈당을 올리지 않지만, 소화가 잘 안 된다는 단점이 있어요. 소화력이 약한 분들은 비교적 소화가 잘되는 당면이나 저당질 파스타면 등의 대체면을 소량 드시는 것이 더 나을 수도 있습니다.

남녀노소 누구나 좋아해
곤약짜장면

시판 춘장에는 당분이 많이 들어있으니 저당 춘장을 사용해 집에서 짜
장면을 만들어 보세요. 달지 않고 맛깔스러운 짜장소스를 만들 수 있답
니다. 짜장소스는 넉넉히 만들어 곤약밥, 콜리플라워라이스와 곁들여
먹어도 좋아요.

만드는 법 ··

재료

- ☐ 돼지고기 500g
  - ★ 삼겹살, 목살, 다릿살 등을 사용하세요.
- ☐ 마야춘장 2~3숟가락
- ☐ 실곤약면 1봉지
- ☐ 양파 2개
- ☐ 양배추 1/4통
- ☐ 애호박 1/2개
- ☐ 대파 1/2대
- ☐ 오이 1/4개
- ☐ 다진 마늘 1/3숟가락
- ☐ 다진 생강 1/3숟가락
- ☐ 라드 3숟가락
- ☐ 에리스리톨 1숟가락
- ☐ 맛술 2숟가락
- ☐ 달걀 1개

1 양파, 양배추, 애호박은 작게 깍둑썰고, 대파는 송송 썰고, 오이는 채 썰어요.

2 돼지고기는 1cm 너비로 썰어요.

3 달궈진 팬에 라드를 넣고 다진 마늘과 생강, 대파를 볶아 향을 낸 후 돼지고기를 넣고 센 불로 볶아요.

4 돼지고기가 60% 정도 익었을 때 양파, 양배추, 애호박을 넣고 빠르게 센 불로 볶아요.

맛술, 에리스리톨, 마야춘장 2숟가락을 넣고 골고루 간이 배도록 볶은 다음 춘장을 1숟가락 정도 더 넣어 취향껏 간을 맞춰요.

★ 마야춘장은 캐러멜 색소가 없기 때문에 검정빛이 돌도록 넣으면 너무 짜요. 붉은 갈색 정도가 간이 잘 맞는 상태입니다.

★ 간짜장 스타일의 짜장소스가 좋다면 소스는 여기서 완성. 물짜장 스타일을 원한다면 물 1컵에 감자전분 1스푼을 섞은 녹말물을 넣어 걸쭉하게 만들어요.

5

6 곤약면은 뜨거운 물로 한 번 헹구고 체에 밭친 다음 마른 팬에 5분 정도 센 불로 볶아서 수분을 최대한 제거해 준비해요.

7 팬에 짜장소스 1+1/2컵 분량과 곤약면을 넣고 함께 볶아요.

8 접시에 짜장면을 담고 채 썬 오이와 달걀프라이를 올려서 완성해요.

키토인의 밥상엔
곤약밥

🍴 4인분 🍗 25분

곤약쌀과 백미를 섞어서 밥을 지으면 밥을 먹는 기분을 내면서 포만감도 높이는 동시에 탄수화물 섭취를 줄일 수 있어요. 곤약쌀은 간혹 전분이 포함된 제품이 있으므로 건조형태가 아닌 물에 담겨있는 형태의 100% 곤약쌀을 구매하셔야 합니다. 이 레시피로 만든 곤약밥 100g의 순탄수화물 양은 약 30g 정도입니다.

 만드는 법

재료

☐ 알알이 곤약 1컵
☐ 백미 1컵(150g)
☐ 물 1컵

1

알알이 곤약쌀은 식초를 탄 뜨거운 물에 데친 다음 헹궈요.

2

백미는 물에 30분 정도 불려요.

★ 백미 대신 현미를 사용하고 싶다면 현미는 미리 6시간 정도 불려두세요.

3

알알이 곤약과 백미를 잘 섞은 다음, 백미와 동일한 분량의 물을 붓고 끓여요.

4

밥물이 끓어오르면 불을 줄이고, 10분 후 불을 끈 다음 뜸을 들여 완성해요.

쌀밥 부럽지 않아

곤약새우볶음밥

 2~3인분 🍲 30분

밥을 먹어야 제대로 식사한 기분이 드는 분들에게 희소식! 미리 만들어둔 곤약밥으로 콜리플라워볶음밥을 만들면 일반 볶음밥과 비슷한 맛과 식감의 볶음밥을 즐길 수 있어요. 많이 만들어 두고 용기에 1회분씩 담아 냉동해 놓았다가 언제든지 도시락으로 활용하기에도 좋은 메뉴입니다.

 만드는 법

재료

- □ 곤약밥 150g
- □ 콜리플라워라이스 200g
- □ 칵테일 새우 400g
- □ 양파 1/2개
- □ 당근 1/4개
- □ 대파 1/2대
- □ 라드 또는 우지 3숟가락
- □ 소금 1/6숟가락

1

양파와 당근, 대파는 굵게 다져요.

★ 시중에 판매되는 레인보우 채소믹스 냉동 제품을 사용하면 편리합니다.

2

팬에 라드를 넣고 다진 파를 중간불로 1분간 볶아 향을 낸 다음 콜리플라워라이스를 넣어 수분이 날아갈 때까지 5분 이상 충분히 볶아요.

3

콜리플라워라이스가 충분히 볶아진 뒤에 양파와 당근, 새우를 추가하고 소금으로 간을 해요.

4

2~3분간 더 볶아 새우가 완전히 익으면 곤약밥을 넣어 1분 정도 더 볶은 뒤 완성해요.

태국의 맛 그대로 집에서 즐겨요
태국식 그린커리

코코넛의 원산지 동남아에는 코코넛오일과 밀크를 활용한 요리가 많아서 키토식에 응용하기 좋아요. 주로 닭고기를 베이스로 요리하지만, 닭고기를 빼고 요리해도 풍미가 떨어지지 않아서 비건키토 요리로도 활용하기 좋습니다.

2인분

요리시간
45분

재료

□ 닭고기 정육 400g
□ 그린커리페이스트 1봉지
□ 코코넛밀크 400㎖
□ 코코넛오일 1숟가락
□ 양파 1/4개
□ 파프리카 1/2개
□ 레몬 1/2개
□ 에리스리톨 1숟가락
□ 곤약밥 1공기

선택재료

□ 쥐똥고추 약간

1 양파와 파프리카, 닭고기는 한입 크기로 썰어요.

2 약불로 달군 팬에 코코넛오일을 넣고 그린커리페이스트를 넣어 잘 풀어줘요.

3 코코넛밀크 200㎖를 부어서 잘 저어주며 중약불로 2~3분 가열해서 걸쭉한 커리 베이스를 만들어요.

★ 코코넛밀크를 너무 센 불로 가열하면 오일층이 분리될 수 있으니 중약불을 유지해요.

4 커리향이 올라오면 닭고기를 넣어서 중불로 5분 정도 익혀요.

5 닭고기가 익었을 때, 남은 코코넛밀크 200㎖와 양파, 파프리카를 넣고 10분 정도 졸여요.

6 불을 약불로 줄이고 에리스리톨, 레몬즙을 취향껏 넣어요.

★ 매운맛을 원하면 쥐똥고추 2~3개 정도를 넣으세요.

7 그릇에 곤약밥과 커리를 담아 완성해요.

★ 곤약밥 대신 삶은 달걀을 곁들여 먹어도 좋아요.

3~4인분

요리시간
45분

후각을 자극하는 향신료에 빠지다
인도식 치킨커리

진한 인도 커리가 먹고 싶을 때, 조금 번거롭지만 내 입맛에 맞는 인도 커리를 집에서 만들어 봐요. 향신료의 종류가 생소해서 처음엔 어렵게 느껴지지만, 향신료에 익숙해진다면 고급 레스토랑 맛을 따라하는 게 생각보다 어렵지 않답니다.

한그릇요리

재료

- ☐ 닭고기 정육 800g
- ☐ 양파 1개
- ☐ 버터 40g
- ☐ 다진 마늘 1숟가락
- ☐ 다진 생강 1/3숟가락
- ☐ 고수 적당량
  - ★ 고수는 취향껏 넣어요.
- ☐ 가람마살라 2숟가락
- ☐ 큐민 1숟가락
- ☐ 강황 1/3숟가락
- ☐ 고춧가루 2/3숟가락
- ☐ 코코넛밀크 400㎖
- ☐ 토마토퓌레 400㎖
- ☐ 에리스리톨 1숟가락
- ☐ 소금 1/3숟가락
- ☐ 곤약밥 1공기

양파와 고수는 잘게 다져서 준비하고 닭고기는 한입 크기로 잘라요.

달군 팬에 먼저 닭고기를 갈색이 날 때까지 익힌 다음, 따로 그릇에 담아요.

같은 팬에 버터를 넣고 양파를 갈색이 될 때까지 볶아요.

다진 마늘과 다진 생강을 넣고 1분 정도 볶은 다음, 가람마살라, 큐민, 강황, 고수를 넣고 가볍게 볶아요.

토마토퓌레, 고춧가루, 소금을 넣고 소스가 걸쭉해질 때까지 약 10분 정도 약불로 졸이듯 볶아요.

소스에 코코넛밀크와 에리스리톨을 넣고 닭고기를 넣어서 약 10분 정도 졸여요. 만약 너무 되직하다면 물을 넣어 농도를 조절해요.

그릇에 곤약밥과 카레를 담아 완성해요.

★ 곤약밥 대신 삶은 달걀, 혹은 콜리플라워라이스를 곁들여도 좋습니다.

★ 향신료를 각각 따로 구매하기 어려울 때는, 레드커리페이스트를 사용하면 쉽습니다.

떡볶이가 생각날 땐

어묵곤약떡볶이

탄수화물 그 자체인 떡볶이는 키토식으로 무리지만, 떡볶이가 먹고싶다면 떡 대
신 묵곤약을 넣어 만들어 보세요. 시판 떡볶이의 강렬한 맛은 나지 않지만, 먹다
보면 빠져드는 슴슴한 맛이 매력이에요.

2인분

요리시간
30분

재료

- □ 묵곤약 1/2개
- □ 무첨가 어묵 2컵
- □ 새송이버섯 2개
- □ 무 1/5개
- □ 대파 1대
- □ 깻잎 10장
- □ 삶은 달걀 4개
- □ 저당 고추장 2숟가락
- □ 알룰로스 2숟가락
- □ 저당 굴소스 1숟가락
- □ 간장 1숟가락
- □ 다진 마늘 1/3숟가락
- □ 고춧가루 1숟가락
- □ 후추 약간

1

곤약, 어묵은 한입 크기로 썰고, 새송이 버섯은 반달썰기 해요.

2

무는 나박 썰고, 대파는 어슷 썰고, 깻잎 은 채 썰어요.

3

물 500㎖에 저당 고추장, 저당 굴소스, 간장, 다진 마늘, 무, 곤약을 넣고 중간불 로 5분 이상 졸이듯 끓여요.

4

어묵과 달걀, 새송이버섯을 넣고 알룰로 스를 취향껏 넣어요.

5

끓는 상태에서 고춧가루, 후추, 대파를 넣고 가볍게 뒤적거린 다음 약불로 졸이 듯 5분간 끓여요.

6

먹기 직전 깻잎을 올려서 완성해요.

김치만 있으면 OK!
콜리플라워 김치볶음밥

진짜 속세의 맛을 느끼고 싶을 때는 콜리플라워 김치볶음밥을 만들어 보세요. 모든 콜리플라워라이스 볶음밥 중에서 가장 맛있는 볶음밥이에요. 김치가 맛있게 익었다면 그냥 볶기만 해도 맛있지만, 아쉽게도 덜 익은 김치만 있다면 요리 마무리에 식초를 한 숟가락 넣어보세요! 맛이 확 살아난답니다.

2인분

요리시간
30분

126

재료

☐ 콜리플라워라이스 400g
☐ 베이컨 4줄
☐ 대파 1/2대
☐ 김치 2컵
☐ 흰밥 100g(1/2공기)
☐ 라드 40g

대파는 다지고 김치는 송송 썰고 베이컨은 1cm 크기로 썰어요.

달군 프라이팬에 라드를 녹인 뒤, 다진 대파를 넣고 중약불에 볶아 파기름을 내요.

콜리플라워라이스를 팬에 넣고 중불로 5분 이상 볶아 수분을 최대한 날리며 익혀요.

콜리플라워라이스가 노릇하게 익고 수분이 날아갔을 때, 베이컨과 김치를 넣어서 중불로 2~3분간 볶아요.

★ 수분이 많으면 맛이 없어지니 중불로 오래 수분을 날려주는 게 가장 중요합니다.

수분이 거의 다 제거가 된 상태에서 약불로 줄인 뒤, 밥 반 공기를 넣어 골고루 비비듯 섞고 센 불로 1분간 볶은 다음 완성해요.

★ 보통 베이컨과 김치가 간간하기 때문에 추가로 간을 할 필요는 없지만, 만약 싱겁다면 소금으로 간을 맞춰주세요.

1인분

요리시간
30분

쌀이 아니어도 맛있어
콜리플라워 달걀볶음밥

밥이 먹고 싶을 때 볶음밥의 형태로 아쉬움을 해소해
주는 메뉴가 바로 콜리플라워라이스랍니다. 모양은 상
당히 그럴듯한 데다가, 밥을 아주 약간만 추가해도 쌀
볶음밥이 생각나지 않을 정도로 맛이 비슷해요.

만드는 법 ···

재료

☐ 콜리플라워라이스 200g
☐ 라드 또는 우지 30g
☐ 대파 1/2대
☐ 달걀 3개
☐ 간장 1숟가락
☐ 소금 약간
☐ 후추 약간

1

대파를 다져요.

2

달걀은 간장 1숟가락을 넣어 미리 풀어
놓아요.

3

달궈진 프라이팬에 라드를 녹인 뒤, 다진
대파를 중약불에 1분간 볶아 파기름을
내요.

4

콜리플라워라이스를 팬에 넣고 중불로 5
분 이상 볶아 수분을 최대한 날려서 익힌
다음 소금, 후추로 간을 맞춰요.

5

노릇하게 익으면 팬 한쪽으로 밀어내고,
남는 공간에 달걀물을 부어 팬 한쪽에서
스크램블을 해요.

6

달걀이 70% 정도 익었을 때, 콜리플라워
라이스와 섞어 완성해요.

★ 허용하는 탄수화물 양에 따라 흰쌀밥을 50g 정도
   추가해 주면 더 맛있는 콜리플라워라이스 볶음밥
   이 됩니다.

맛과 영양을 한 번에 잡는다!

아보카도 낫토비빔볼

비건 키토식을 하려고 한다면 낫토와 아보카도는 빼놓을 수 없는 식재료
예요. 맛과 영양의 균형을 고려했을 때는 달걀이 들어가면 좋긴 하지만,
비건 스타일의 키토식을 한다면 달걀을 제외해도 괜찮아요.

1인분

요리시간
15분

만드는 법 ···

재료

☐ 곤약밥 100g

★ 곤약과 쌀의 비율 1:1로 만든 곤약밥(118쪽 참고)은 100g에 순탄수화물 약 30g 정도입니다.

☐ 아보카도 1개

☐ 낫토 1팩

☐ 달걀 2개

☐ 어린잎채소 1줌

☐ 식초 1/3숟가락

☐ 소금 약간

드레싱 재료

☐ 올리브오일 5숟가락

☐ 간장 1숟가락

아보카도 손질
동영상 보기

잘 익은 아보카도는 껍질과 씨앗을 제거한 다음 깍둑썰기 해서 준비해요.

달걀은 취향에 따라 완숙, 혹은 반숙란으로 준비해요.

낫토는 동봉된 소스 대신 식초와 소금 두 꼬집을 넣어 실이 생기도록 잘 섞어요.

볼에 곤약밥을 담고 그 위에 어린잎 채소를 올린 다음, 아보카도, 낫토, 달걀을 가지런히 올려요.

올리브오일과 간장을 섞어서 드레싱으로 곁들여 완성해요.

★ 아보카도는 소금과 같이 드셔야 영양면에서도 좋고 소화에도 도움이 됩니다.

Doctor Lee's Keto Tip

아보카도는 지방이 풍부해 키토식단의 필수 식재료로 꼽히지만, 칼륨 함량이 높아 충분한 소금과 함께 섭취해야 미네랄의 균형이 맞게 됩니다. 또한 아보카도는 히스타민 함량이 높은 식재료로 히스타민 과민증이 있으신 분들은 주의가 필요합니다.

KETO
RECIPE

3

언제나 부담 없이 후루룩
국물요리

김치찌개

일반 김치찌개에는 설탕이 정말 많이 들어간다는 사실, 알고 계시나요? 잘 익은 김치만 있다면, 집에서 맛있게 키토식으로 만들 수 있어요. 찌개에는 밥 대신 달걀찜을 곁들여 보세요. 훨씬 든든한 한끼가 될 수 있답니다.

1인분

요리시간
30분

재료

□ 돼지고기 뒷다릿살 300g
□ 신김치 3컵(300g)
□ 두부 1/2모
□ 다진 마늘 1숟가락
□ 대파 1/2대
□ 새우젓 1숟가락
□ 고춧가루 1숟가락
□ 라드 1숟가락

1 대파는 어슷 썰고 두부와 김치는 한입 크기로 썰어요.

2 돼지고기는 한입 크기로 썰어 준비해요.

3 달군 냄비에 라드 1숟가락을 넣고 돼지고기와 다진 마늘을 넣고 중불로 2~3분간 볶아요.

4 고기 겉면이 노릇해지면 김치를 넣고 볶다가 물 3컵과 새우젓을 넣고 10분간 바글바글 끓여요.

5 새우젓과 물로 간을 맞춘 다음 두부와 대파, 고춧가루를 넣어 뚜껑을 덮고 1분 내외로 끓여서 완성해요.

Doctor Lee's Keto Tip

김치찌개와 같은 맵고 짠 국물요리는 밥 없이 너무 맵고 진하게 먹으면, 위가 예민하신 분들은 식도와 위가 상할 수도 있으니 주의하세요.

메인 요리로 변신한
된장찌개

대부분의 고깃집 된장찌개에는 물엿으로 버무려진 쌈장이 들어간다는 것은 모르는 분들도 많은데요. 키토식을 하고 있다면 고깃집에 가더라도 곁들임 된장찌개는 드시지 마세요. 된장찌개는 집에서 된장에 뭐든 넣고 끓이면 되는 아주 쉬운 요리랍니다.

1~2인분

요리시간
30분

재료

- ☐ 소고기 300g
  - ★ 어느 부위이든 괜찮아요.
- ☐ 된장 3숟가락
  - ★ 시판 된장 고르는 법(36쪽)을 꼭 참고하세요.
- ☐ 물 600㎖
  - ★ 물 대신 수육 육수를 넣으면 더 좋아요.
- ☐ 양파 1개
- ☐ 애호박 1/2개
- ☐ 팽이버섯 1/2봉지
- ☐ 두부 1/2모

양파, 애호박, 두부는 한입 크기로 썰고 팽이버섯은 4cm 길이로 썰어요.

소고기는 한입 크기로 썰어요.

냄비에 물 600㎖를 붓고 된장을 풀어요.

★ 미리 만들어 둔 수육 육수가 있다면 육수를 활용해요. 육수가 없다면 고기를 좀 더 듬뿍 넣으세요. 맛이 훨씬 좋아져요.

된장이 다 풀어진 물에 고기를 넣고 센 불로 5분간 끓여요.

국물이 끓으면 양파와 애호박을 넣고 중불로 5분간 끓인 다음, 두부와 팽이버섯을 넣고 마저 1~2분 정도 가볍게 끓여 완성해요.

Plus Keto Cooking

된장두부국수

☐ 된장찌개 1인분(300㎖)　☐ 두부면 1팩　★ 얇은 두부면보다는 넓은 두부면을 추천해요.

☐ 매운고추 약간(취향껏)

1　된장찌개에 물을 약간 추가해서 간을 맞춰요.
2　두부면은 뜨거운 물에 잘 헹군 후 체에 밭쳐 물기를 빼고 찌개에 넣어요.
3　찌개를 가열하다 끓어오르면 중불로 줄인 뒤 2~3분 정도 간이 배도록 끓인 다음 취향껏 청양고추를 넣어 완성해요.

　★ 졸아든 찌개의 간과 두부면의 물기 때문에 간을 조절해 주어야 해요. 짜다면 물을 좀 더 넣고, 싱겁다면 국간장이나 어간장으로 간을 맞춰 보세요.

맛있는 만남
수육 된장찌개

어느 날 우연히 시도한 요리인데, 정말 맛있게 먹어서 소개해드립니다. 수육을 만들 때 나오는 육수가 아깝다면 도전해 보세요. 육수에 된장을 푼 후 냉장고에 남은 자투리 채소들과 함께 찌개로 끓인 다음, 희수육을 올려 먹으면 정말 근사한 한끼 요리가 완성됩니다. 고기의 육즙 한 방울까지 버리지 않는 키토인의 자세가 깃든 메뉴랍니다.

1인분

요리시간
20분

만드는 법 ....

재료

- [ ] 부채살희수육 300g
  - ★ 부채살희수육 레시피(66쪽)를 참
    고해 주세요.
- [ ] 육수 500㎖
- [ ] 무 150g
- [ ] 양파 1/4개
- [ ] 표고버섯 2개
- [ ] 대파 1/2대
- [ ] 달래 1줌
- [ ] 된장 2숟가락

1

무는 채 썰고 양파, 표고버섯은 한입 크
기로 썰고 대파는 어슷 썰어요.

★ 된장찌개를 끓일 때는 애호박, 배추, 냉이 등 어떠
한 채소를 넣어도 좋아요.

2

달래는 5cm 길이로 썰어요.

3

부채살 희수육을 썰어 준비해요.

4

수육을 하며 나온 육수에 된장을 풀고,
무와 양파를 넣고 중불 이상으로 끓어오
를 때까지 가열해요.

5

찌개가 끓으면 표고버섯과 대파를 넣고
5분간 바글바글 끓여요.

6

달래를 넣고 끓어오르면 불을 꺼요.

7

넓은 그릇에 찌개를 담고 그 위에 희수육
을 올려 완성해요.

키토인의 건강 밥상엔

시래기 된장국

키토식을 처음 시작할 때는 소위 키토플루라고 하는 두통, 미식거림, 현기증, 두근거림 등의 증상이 있을 수 있어요. 된장국은 키토플루 예방에 도움이 될 뿐만 아니라 증상이 있을 때 약처럼 처방하는 메뉴입니다. 매일 드셔도 괜찮으니 한 솥 끓여서 아침마다 드시는 것을 추천합니다.

2~3인분

요리시간
40분

재료

☐ 시래기 200g
　★ 불려서 손질된 시래기를 구매하면
　　편해요.

☐ 국물용 멸치 6마리
☐ 다시마 5장
☐ 된장 3숟가락
☐ 다진 마늘 1숟가락

냄비에 물 1ℓ를 붓고 멸치, 다시마와 함께 15분 정도 끓여서 육수를 만들어요.

★ 고기육수를 사용해도 좋습니다.

냄비에서 다시마와 멸치를 건져내요.

시래기는 깨끗하게 세척한 후, 물기를 꽉 짠 다음 한입 크기로 적당히 잘라요.

시래기에 된장, 다진 마늘을 넣고 버무려요.

4의 시래기무침을 **2**에 넣고 뚜껑을 닫은 상태로 약불에서 10분 이상 푹 끓여 완성해요.

★ 간이 부족하다면 국간장으로 맞춰요.

Doctor Lee's Keto Tip

시래기는 장내 마이크로바이옴 환경을 개선하는 데 아주 좋습니다.

1인분

요리시간
30분

입에 착착 감긴다!
냄새 없는 청국장찌개

키토식에서 콩은 적극 추천하는 식재료는 아니지만, 발효된 콩제품은 예외로 적극 권장할 수 있답니다. 냄새가 부담스럽다면, 가급적 생청국장을 사용하고, 청국장을 마지막 단계에 넣어 살짝만 끓여 드셔 보세요. 냄새도 없애고 청국장의 유익균을 극대화할 수 있는 방법이에요.

재료

- □ 돼지고기 300g
  - ★ 국거리, 앞·뒷다리살 등을 사용해요.
- □ 생청국장 180g
- □ 된장 1숟가락
- □ 신김치 1컵
- □ 애호박 1/4개
- □ 표고버섯 2개
- □ 두부 1/2모
- □ 대파 1/4대
- □ 다진 마늘 1/3숟가락

1 애호박은 한입 크기로 썰고 표고버섯은 납작하게 썰고 대파는 어슷 썰어 준비해요.

2 신김치는 다져요.

3 두부는 한입 크기로 썰어요.

4 달군 냄비에 돼지고기를 넣고 볶다가 신김치를 넣고 2~3분 더 볶아요.

5 물 3컵을 부은 후, 다진 마늘을 넣고 중불에 5분 이상 푹 끓여요.

6 애호박, 표고버섯을 넣어요.

7 푹 우러난 육수에 된장과 대파를 넣고 3분 정도 끓여요.

8 끓어오르면 청국장을 넣어 가볍게 풀어주고 바로 두부를 올린 다음 1분 정도 끓여 완성해요.

Doctor Lee's Keto Tip

서구의 콩에 대한 부정적 인식과 달리 한식의 된장과 청국장 같은 발효콩은 키토식에도 도움이 됩니다. 콩은 발효 후에 단백질 분해효소가 증가해 소화하기 어려운 콩 단백질의 소화를 돕고, 비타민 K2가 증가해 혈액순환에 도움이 되기도 합니다. 또한 장내 마이크로바이옴 환경에 긍정적인 영향을 줄 수 있습니다.

국물요리

이보다 쉬울 순 없다!
간편 수육국밥

바빠서 키토식을 하기 어려운 분들을 위한 메뉴예요. 온라인에서 쉽게
살 수 있는 소나 돼지의 탕육슬라이스를 구매해서 1회분으로 소분하여
냉동시켜 두면 언제든 꺼내서 수육국밥을 만들어 먹을 수 있어요. 라면
만큼 간단하게 만들 수 있지만 영양 만점의 키토식이랍니다.

만드는 법 ··

재료

- ☐ 탕육슬라이스 300g
- ☐ 사골육수 3컵
- ☐ 부추 1/2줌
- ☐ 대파 1/2대

1 부추는 4cm 길이로 썰고 대파는 어슷 썰어요.

> 사골육수는 시판 제품 혹은 액기스 제품을 사용해도 무방해요.

2 냄비에 사골육수와 탕육슬라이스를 함께 넣고 중불로 끓여요.

★ 탕육 슬라이스가 냉동 상태라면 차가운 육수에 넣고 같이 끓여야 맛이 좋아요.

3 팔팔 끓어오르면 1~2분간 더 끓인 다음, 그릇에 담고 파와 부추를 올려서 완성해요.

★ 소금과 후추, 들깻가루, 다진양념 등을 취향껏 넣어 드시면 좋아요.

내 몸을 살리는 영양 만점 키토식
채소사골스프

건세바이오텍 정명일 박사님의 장치료 식단 레시피예요. 채소사골스프는 미네랄과 지방 보충을 통해 장을 회복시키고, 대사를 높여주는 효과를 가진 훌륭한 레시피인 만큼 자주 만들어 드시면 건강에 큰 도움이 된답니다.

2인분

요리시간
40분

재료

☐ 사골국물 300㎖
☐ 브로콜리 100g(1/6개)
☐ 양배추 100g
☐ 우엉 50g(15cm)
☐ 양파 50g(1/4개)
☐ 당근 50g(1/4개)
☐ 생크림 100㎖(1/2컵)
☐ 버터 30g
☐ 소금 1/3숟가락
☐ 후추 약간

채소들은 잘 씻어서 물기를 빼고 작게 썰어서 준비해요.

작은 냄비에 사골국물과 우엉을 넣은 다음 10분 정도 끓여요.

큰 냄비에 버터를 녹인 뒤, 당근, 양파, 브로콜리, 양배추를 넣고 중불로 1~2분간 볶아요.

3의 채소가 부드럽게 익으면 불을 끈 후, **2**의 사골국물을 부은 다음 핸드블랜더로 갈아요.

4를 다시 끓인 다음, 생크림을 넣어 약불로 10분 정도 더 끓이고 소금, 후추를 넣어 완성해요.

Doctor Lee's Keto Tip

유제품 제한식단을 하고 있어 생크림과 버터를 사용하기 어렵다면 코코넛크림이나 코코넛밀크를 활용해도 좋습니다. 히스타민 과민증으로 사골국물 사용이 어려운 분들은 집에서 짧게 끓여 만든 소고기나 닭고기육수를 활용해 보세요.

매일 먹어도 질리지 않아

소고기뭇국

겨울철 김장무나 봄의 월동무가 나오는 시기에는 무가 달달하고 맛있으니 무를 활용한 요리를 자주 해보세요. 특히 추운 겨울에 한 솥 가득 끓여 놓고 먹는 소고기뭇국은 끓일수록 맛있어져 마지막 한 그릇이 제일 맛있답니다.

1인분

요리시간
40분

재료

□ 소고기 국거리 300g
□ 무 250g
□ 대파 1/4대
□ 다진 마늘 1숟가락
□ 국간장 2숟가락
□ 어간장 1숟가락
□ 우지 1숟가락
□ 소금 약간

1

소고기는 찬물에 10분 정도 담가 핏물을 빼요.

2

무는 납작하게 썰고 대파는 어슷 썰어 준비해요.

3

냄비에 우지를 두르고 소고기와 다진 마늘을 넣어 볶아요.

★ 경상도식 빨간 소고기뭇국을 원한다면 고춧가루 1숟가락을 넣어 같이 볶으면 됩니다.

4

고기 겉면이 익으면 무를 넣어 1분 정도 가볍게 볶아요.

5

냄비에 물 1.5ℓ를 붓고 어간장과 국간장을 넣어 센불로 끓어오를 때까지 끓인 다음, 약불로 줄이고 10분 정도 더 끓인 후 소금으로 간을 맞춰요.

6

먹기 전에 대파를 넣고 한소끔 끓여 완성해요.

2인분

요리시간
40분

한 대접 순삭
해장국

경상도식 소고기뭇국 식당에 들렀다가 힌트를 얻어 만들게 된 메뉴예요. 무와 대파가 큼
직하게 들어가고, 다진 마늘이 들어가는 게 특징이랍니다. 숙주나 콩나물까지 넣어 정말
국물이 시원해요. 숙주나 콩나물 등 채소는 취향껏 넣으시고, 안 넣으셔도 괜찮아요.

재료

☐ 소고기 국거리 400g
☐ 무 700g
☐ 대파 1대
☐ 숙주(또는 콩나물) 1봉지
☐ 다진 마늘 2숟가락
☐ 고춧가루 3숟가락
☐ 국간장 4숟가락
☐ 어간장 1숟가락
☐ 우지 1숟가락
☐ 소금 1/3숟가락

1

숙주는 씻은 후 체에 밭쳐 물기를 빼요.

2

무는 납작하게 썰고 대파는 어슷 썰고 소고기는 한입 크기로 잘라요.

3

냄비에 우지를 넣고 중간불로 고기를 볶다가 마늘을 넣어 볶아요. 적당히 익었을 때 고춧가루를 넣고 더 볶아요.

4

냄비 바닥에 고추기름이 배어 나오면 국간장, 어간장, 무를 넣고 무가 전체적으로 코팅될 수 있게 1분 정도 볶아요.

5

끓는 물 2ℓ를 붓고 센 불로 끓이면서 소금으로 간을 해요.

6

한소끔 끓어오른 뒤, 대파와 숙주를 넣고 중간불로 10분간 더 끓여 완성해요.

국물요리

3분 황태국

다이어트와 음주는 상극이지만, 그럼에도 부득이하게 술을 마신 다음 날에는
여지없이 해장 라면이 생각나는데요. 그럴 때는 라면의 유혹을 물리치고 3분
황태국으로 해장을 해 보세요. 재료만 있다면, 라면만큼 끓이기 쉬운 황태국을
소개합니다.

1인분

요리시간
20분

재료

- ☐ 황태 1/2마리
- ☐ 시판 사골곰탕 1봉지
- ☐ 무 110g
- ☐ 두부 1/4모
- ☐ 달걀 1개
- ☐ 대파 10cm
- ☐ 다진 마늘 1/3숟가락
- ☐ 들기름 3숟가락
- ☐ 소금 약간

무는 채 썰고, 대파는 다지고, 두부는 한 입 크기로 썰어요.

황태는 물에 헹구듯 씻어낸 다음, 손가락 두 마디 길이로 잘라 반 컵 정도의 물에 10분 정도 불린 후 건져요.

★ 황태를 불린 물은 버리지 마세요.

달걀은 소금을 한 꼬집 정도 넣고 잘 풀어요.

들기름을 두른 냄비에 황태포와 다진 마늘을 넣고 센 불에서 타지 않을 정도로 볶아요.

채 썬 무를 넣고 한 번 더 볶아요.

사골국물과 황태 불린 물, 두부를 넣고 3분 정도 팔팔 끓이며 소금으로 간을 맞춰요.

끓는 상태에서 달걀물을 풀어 넣은 다음 대파를 넣고 한소끔 끓여 완성해요.

Plus Keto Cooking

황태채 버터구이

☐ 황태채 50g ☐ 버터 30g

··

1 팬에 버터를 녹여요.
2 황태채를 넣고 볶아요.
3 3분 정도 볶아 황태채를 바삭하게 익혀서 완성해요.

바다의 영양 가득 담은
매생이굴국

예전에 매생이는 바닷가가 아니면 보기 힘든 식재료였는데, 요즘은 겨울철이 되면 마트에서 종종 볼 수 있어요. 매생이굴국은 겨울철 별미이니 매생이 손질이 번거롭다면 건조 매생이를 활용해서 꼭 만들어 보세요. 미역국보다 만들기도 쉽고 겨울에 뜨끈하게 한 그릇 먹으면 추위가 싹 사라진답니다.

2인분

요리시간
30분

재료

- ☐ 굴 1봉지(150g)
- ☐ 매생이 1묶음(200g)
  - ★ 매생이 철이 아니거나 손질이
    어렵다면 건조 매생이를 활용
    하세요.
- ☐ 대파 1/2대
- ☐ 다진 마늘 1/3숟가락
- ☐ 국간장 2숟가락
- ☐ 소금 1/3숟가락

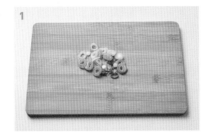

대파는 송송 썰어요.

봉지 굴은 물에 가볍게 헹구면서 혹시 모
를 이물질이 있는지 확인해요.

매생이는 소금 1숟가락을 푼 찬물에 담
가 풀어준 다음 이물질을 제거하고 두세
번 헹궈요.

냄비에 물 1ℓ를 붓고 굴과 매생이, 다진
마늘을 넣고 끓여요.

★ 매생이 대신 무를 넣어서 뭇국으로 해 먹어도 맛있
어요.

국간장을 넣고 간이 부족하면 소금으로
맞춰요.

대파를 넣고 한소끔 더 끓여 완성해요.

★ 굴국은 오래 끓이면 맛이 떨어지니 가볍게 끓여요.

Plus Keto Cooking

굴뭇국

☐ 굴 1봉지(150g) ☐ 무 250g ☐ 대파 1/2대 ☐ 다진 마늘 1/3숟가락

☐ 국간장 2숟가락 ☐ 소금 1/3숟가락

1 대파는 송송 썰고, 무는 납작하게 썰고, 봉지굴은 헹궈서 준비해요.
2 냄비에 물 1ℓ를 붓고 굴과 무, 다진 마늘을 넣고 끓이면서 국간장과 소금으로 간을 맞춰요.
3 끓어오르면 대파를 넣고 한소끔 더 끓여서 완성해요.

달걀미역국

소고기나 황태, 가자미 등 거창한 속재료가 없어도 미역국을 끓여 먹을 수 있
어요. 미역국의 맛은 미역이 팔할이니까요. 치킨스톡이나 조미료를 쓰면 맛은
더 좋아지지만 어간장으로도 충분히 맛을 낼 수 있답니다. 먹기 직전 버터 한
조각을 띄워서 먹어도 좋아요.

1인분

요리시간
30분

재료

- ☐ 건조미역 10g
  - ★ 불린 미역이라면 2컵을 준비해요.
- ☐ 참기름 1숟가락
- ☐ 다진 마늘 1숟가락
- ☐ 어간장 1숟가락
- ☐ 국간장 2숟가락
- ☐ 달걀 2개
- ☐ 소금 약간

1 건조미역은 물에 충분히 불린 뒤 한 번 헹궈내요.

2 냄비에 참기름을 두르고 다진 마늘을 가볍게 볶은 다음 불린 미역을 넣고 2~3분간 볶아요.

3 미역이 잘 볶아지면 어간장을 둘러 가볍게 30초 정도 볶은 다음, 물 3컵을 부어 센 불로 끓여요.

4 한 번 끓어오르면 국간장으로 간을 한 후 뚜껑을 닫고 10분간 약불로 끓여요.

5 그릇에 달걀을 가볍게 풀어서 소금 간을 한 뒤, 끓는 미역국에 넣고 끓어오르기 직전에 불을 꺼 완성해요.

★ 달걀을 풀지 않고 넣어서 수란 느낌으로 먹어도 좋아요.

국물요리

1인분

요리시간
30분

호로록 국물 당기는 날엔
어묵탕

보통의 시판 어묵에는 생각보다 많은 설탕과 밀가루, 조미료가 들어가
요. 밀가루 대신 전분을 넣고, 설탕과 조미료가 들어가지 않은 어묵을
고르시는 게 중요하답니다. 구하기가 어렵다면 최소한 밀가루와 설탕
이 들어가지 않은 어묵을 고르세요.

만드는 법 ······

재료

- 무첨가 어묵 200g
- 무 180g
- 대파 2대
- 표고버섯 2개
- 쑥갓 약간
- 국물용 멸치 10마리
- 자른 다시마 5장
- 어간장 1숟가락
- 소금 1/3숟가락

어묵은 한입 크기로 썰고, 무와 표고버섯은 납작하게 썰고, 쑥갓은 5cm 길이로 썰고, 대파 1대는 어슷 썰어요.

냄비에 물 600㎖를 붓고, 국물용 멸치와 다시마, 대파 1대를 넣고 센 불로 10분간 끓여요.

육수가 우러나면 건더기를 건져낸 다음, 무와 어간장을 넣어 중간불로 5분간 끓여요.

무가 익으면 어묵을 넣어 2~3분 정도 끓이고, 부족한 간을 소금으로 맞춰요.

썰어놓은 대파, 쑥갓, 표고버섯을 올려 센 불로 30초 정도 끓인 뒤 완성해요.

★ 삶은 달걀을 곁들여서 식사 대용으로 먹으면 든든해요.

KETO
RECIPE

4

365일 곁들여 먹기 좋은
반찬

집에서 즐기는 별미
도가니볶음

집에서 도가니를 직접 손질해 끓여 먹기는 생각보다 번거롭고 귀찮은 일이지요. 간편하게 온라인에서 삶은 도가니를 사면 탕으로도 먹고 볶음으로도 먹으며 며칠간 도가니 파티를 할 수 있어요. 국물이 자작하게 볶으면 도가니에서 우러난 쫀득한 국물이 졸아서 도가니와 함께 떠먹으면 진한 맛을 제대로 즐길 수 있답니다.

만드는 법 ··

재료

□ 냉동 도가니수육 300g
□ 양파 1개
□ 대파 1/2대
□ 마늘 5개
□ 청양고추 1개
□ 사골육수 1+1/2컵
□ 간장 3숟가락
□ 소금 약간
□ 참기름 1숟가락
□ 후추 약간

1 양파는 한입 크기로 썰고, 대파와 청양고추는 어슷썰기 해요.

2 냉동 도가니수육은 냉장실에서 해동한 후, 한입 크기로 잘라 준비해요.

3 팬에 사골육수를 넣고 도가니와 마늘을 넣은 다음 뚜껑을 덮어 5분간 중불로 끓여요.

4 양파와 대파, 청양고추를 넣고 간장을 둘러 센 불에 볶듯이 1분 정도 익혀요.

5 부족한 간은 소금으로 맞추고 불을 끈 다음, 참기름과 후추를 뿌려 완성해요.

Doctor Lee's Keto Tip

도가니는 손상된 장을 회복시키는 데 아주 좋은 식재료로, 장누수증후군 환자에게 특히 추천합니다.

Plus Keto Cooking

간편 도가니탕

□ 도가니수육 300g □ 사골육수 500㎖ □ 대파 1/2대 □ 소금 약간 □ 후추 약간
···

1 대파는 어슷썰기 해요.
2 냄비에 사골육수와 도가니를 넣고 끓어오르면 약불로 2~3분 더 가열해요.
3 그릇에 담고 대파와 소금, 후추를 곁들여 완성해요.

쫀득함이 포인트!
돼지껍데기편육(돈피묵)

저렴한 식재료 중 하나인 돼지껍데기는 비싼 콜라겐 영양제와는 비교할 수 없을 만큼 콜라겐이 듬뿍 들어있어요. 푹 삶아내 쫀득한 콜라겐의 맛을 느껴보세요. 삶을 때 냄새만 잘 제거하면 정말 맛있답니다.

2~3인분

요리시간
1시간

164

만드는 법 ··

재료

☐ 돼지껍데기 500g
☐ 월계수잎 5장
☐ 다진 생강 1/3숟가락
☐ 다진 마늘 2숟가락
☐ 맛술 1컵
☐ 소금 1/2숟가락
☐ 다시마 3장
☐ 대파 1대
☐ 청양고추 1개

선택 재료

☐ 새우젓 약간

1

대파 1/2대는 다지고 청양고추는 어슷 썰어요.

2

돼지껍데기를 냄비에 넣은 후 잠길 정도의 충분한 물을 붓고 월계수잎, 다진 생강, 다진 마늘, 맛술을 넣어 함께 끓여서 잡내를 제거해요.

3

뚜껑을 연 상태로 10분 정도 팔팔 끓인 다음, 껍데기가 익으면 꺼내서 가늘고 적당한 길이로 썰어요.

4

썬 껍데기가 자작하게 잠길 정도로 물을 부은 다음, 소금으로 간을 하고 다시마와 대파 1/2대를 넣고 20분 정도 푹 고아요.

★ 고춧가루를 추가로 넣거나 간장으로 간을 하면 다양한 맛으로 즐길 수 있어요.

5

국물이 뽀얗고 걸쭉하게 우러나면 다시마와 대파는 건져내고, 청양고추와 다진 대파를 넣어 가볍게 끓여요.

6

5를 사각 유리용기에 담아서 식으면 냉장고에 넣어 굳혀요.

7

편육이 굳은 뒤 먹기 좋은 크기로 자르고 새우젓이나 간장을 곁들여 완성해요.

돼지껍데기볶음

돼지껍데기 요리를 하다가 우연히 볶음요리를 해봤는데, 식감이 볶음우동 같은 느낌이 들어 정말 맛있었어요. 그후로 쫄깃한 면요리가 아쉬울 때마다 해 먹는 메뉴랍니다. 조금 낯선 요리겠지만, 후회는 없으실 거에요!

1인분

요리시간
30분

재료

☐ 삶은 돼지껍데기 200g

★ 돼지껍데기 삶는 법은 돼지껍데기 편육(164쪽)을 참고하세요.

☐ 올리브오일 4숟가락

양념장 재료

☐ 고추장 2숟가락
☐ 고춧가루 1숟가락
☐ 맛술 2숟가락
☐ 에리스리톨 1숟가락
☐ 들기름 1숟가락
☐ 대파 5cm
☐ 다진 마늘 1숟가락

1

대파는 다져요.

2

다진 대파 등 **양념장 재료**를 섞어 양념장을 만들고 숙성시켜요.

3

삶은 돼지껍데기는 1cm 정도의 두께로 면처럼 길쭉하게 잘라서 준비해요.

4

숙성시킨 양념장에 돼지껍데기를 버무린 뒤, 20분 정도 간이 배도록 재워요.

5

달군 팬에 올리브오일을 두르고 돼지껍데기를 넣어 빠르게 볶은 다음 약불로 줄이고 뚜껑을 덮은 채로 5분 정도 익혀요.

★ 중간중간 바닥이 타지 않도록 뒤적거려요.

6

뚜껑을 열고 센 불로 빠르게 볶은 뒤 그릇에 담아 완성해요.

콜리플라워퓌레

메쉬드포테이도나 감자퓌레가 먹고 싶을 때는, 콜리플라워로 퓌레를 만들어 보세요. 감자퓌레와 식감이 똑같아 깜짝 놀라실 거예요. 모르고 먹으면 깜빡 속아 넘어간답니다. 콜리플라워퓌레는 콜리플라워를 잘 볶아서 물기를 빼는 게 핵심이에요.

3회분

요리시간
25분

만드는 법 ⋯⋯⋯⋯⋯⋯⋯⋯⋯⋯⋯⋯⋯⋯⋯⋯⋯⋯⋯⋯⋯⋯⋯⋯⋯⋯⋯⋯⋯⋯⋯⋯⋯⋯

재료

☐ 콜리플라워 1통

    ★ 냉동 콜리플라워는 300g입니다.

☐ 버터 50g

☐ 소금 1/6숟가락

☐ 타임 또는 파슬리 약간

콜리플라워 손질
동영상 보기

1

콜리플라워를 꽃 부분 위주로 듬성듬성 잘라 준비해요.

2

끓는 물에 콜리플라워를 넣고 3분간 데 쳐 건져내요.

3

데친 콜리플라워를 잘게 다진 다음 마른 팬에서 물기가 마를 때까지 약불로 10분 간 볶아요.

4

노릇하고 건조하게 볶아진 콜리플라워를 믹서기 혹은 핸드블랜더용 그릇에 옮겨 담고, 버터를 듬성듬성 썰어 넣어요.

5

핸드블랜더 혹은 믹서기로 곱게 간 다음, 소금, 타임 또는 파슬리를 넣고 고루 섞 이도록 갈아 완성해요.

★ 퓌레를 체로 한 번 걸러 더 고운 퓌레를 만들면 더 맛있어요.

먹을수록 부드러워
에그마요

부드럽고 촉촉한 에그마요는 샐러드 토핑으로도 좋고 언위치 샌드위치 속
재료로도 좋지만 그냥 떠먹어도 든든하답니다. 삶은 달걀과 마요네즈만 있
으면 간단하게 만들 수 있어요. 달걀 하나에 마요네즈 1숟가락 정도의 비율
로 만드는 게 포인트예요.

1인분

요리시간
30분

만드는 법 ··

재료

☐ 달걀 5개
☐ 저당 마요네즈 5숟가락
☐ 디종머스터드 1숟가락
☐ 소금 1/6숟가락
☐ 후추 약간
☐ 파슬리 약간
　★ 파슬리는 생략 가능해요.

선택재료

☐ 버터 1숟가락

1 달걀은 완숙으로 삶아서 흰자와 노른자를 분리하여 준비해요.

2 흰자는 칼로 입자감 있게 다지고, 노른자는 숟가락으로 곱게 으깨요.

★ 노른자에 버터를 1숟가락 정도 섞어주면 훨씬 부드럽고 풍미가 좋아져요.

3 볼에 마요네즈와 머스터드를 담고 소금으로 간을 한 다음 으깬 노른자를 먼저 잘 섞은 뒤, 흰자를 넣고 섞듯이 비벼요.

4 그릇에 담고 후추와 파슬리를 뿌려 완성해요.

반찬

Plus Keto Cooking

에그마요샌드위치

1 90초빵(302쪽 참고)을 네모나고 넓은 유리용기에 넣어 만들어요.
2 90초빵을 반으로 가르고 에그마요를 넣어 에그마요 샌드위치를 만들어요.

1~2인분

요리시간
25분

한 뚝배기 순삭!
뚝배기 달걀찜

달걀찜은 그 자체로도 든든한 메뉴이지만, 밥 대신 한식 메인요리나 반찬요리에 곁들여 먹으면 좋아요. 생선구이나 조림, 한식 나물 등의 메뉴에 밥 대신 곁들여 즐겨보세요. 집에 뚝배기가 없다면 냄비에 뚜껑을 닫고 만들어도 좋습니다.

재료

☐ 달걀 5개
☐ 쪽파 1줄
☐ 소금 1/6숟가락
☐ 맛술 2숟가락
☐ 버터 20g

1

쪽파는 잘게 다져요.

2

달걀은 소금을 넣고 잘 풀어준 뒤, 맛술과 물 1/2컵을 넣고 5분 정도 기다려요.

3

달걀물과 버터를 뚝배기에 담고 센 불에서 저어가며 끓여요.

★ 뚝배기 용량의 2/3 이상을 채워야 위로 봉긋하게 솟아오르는 달걀찜을 만들 수 있어요.

4

달걀물이 끓기 시작할 때, 중불로 줄이고 몽글몽글해질 때까지 계속 저어요.

5

80% 정도 익어서 덩어리지기 시작할 때, 불을 끄고 다진 쪽파를 올려요.

6

밥그릇 같이 오목한 그릇으로 덮어서 3분 정도 뜸을 들이듯 익혀요.

★ 마지막에는 뚝배기의 잔열로 익히는데, 만약 덜 익었다면 아주 약한 불로 더 익혀 주세요.

반찬

가장 만만한 키토 요리
치즈 달걀프라이

🍴 1인분　🍳 15분

달걀을 먹을 때, 흰자는 온전히 익혀서 먹고 노른자는 반숙 상태로 먹는 게 소화에도 좋고, 영양 면에서도 장점이 많아요. 특별한 이유로 못 먹는 것이 아니라면 써니사이드업 스타일의 반숙 달걀로 즐겨보세요. 고소한 치즈는 덤이에요.

🍳 만드는 법

재료

☐ 딜걀 3개
☐ 슈레드 피자치즈 50g
☐ 버터 10g
☐ 소금 약간

1
달군 프라이팬에 버터를 녹여요.

2
달걀을 깨서 올린 뒤, 달걀 주변으로 치즈를 흩뿌리고 뚜껑을 닫은 상태로 약불에서 5분 정도 익혀요.

3
지글지글 치즈가 녹으면 완성이에요.

감자인 듯 감자 아닌
감자 없는
감자사라다

 1인분  20분

어릴 때 엄마가 해주던 사라다 스타일의 감자 샐러드를 키토식으로 만들어 보세요. 마요네즈는 고소함과 부드러움을, 홀그레인머스타드는 상큼함을 담당합니다. 모르고 먹으면 정말 감자사라다 맛이 난답니다. 입맛에 맞게 조절해서 만들어 먹는 재미가 있는 감자사라다로 건강한 밥상을 차려 보세요.

만드는 법

재료

- ☐ 콜리플라워퓌레 200g
  - ★ 168쪽을 참고하세요.
- ☐ 저당 마요네즈 5숟가락
- ☐ 홀그레인머스타트 2/3숟가락
- ☐ 삶은 달걀 2개
- ☐ 양파 1/2개
- ☐ 파프리카 1/2개
- ☐ 오이 1/4개
- ☐ 에리스리톨 1/3숟가락
- ☐ 소금 약간

1
파프리카와 양파는 다져서 찬물에 담가 매운맛을 제거해요.

2
오이는 얇게 썰어서 소금에 살짝 절인 후 물기를 꽉 짜서 준비해요.

베이컨, 당근, 양배추 등의 재료를 추가하면 더 풍성하게 먹을 수 있어요.

3
삶은 달걀은 흰자와 노른자를 분리해 흰자는 다지고 노른자는 가볍게 눌러서 으깨요.

4
콜리플라워퓌레에 1, 2, 3의 모든 재료를 넣고, 저당 마요네즈와 홀그레인 머스터드, 에리스리톨을 넣고 주걱으로 비비듯 섞어 완성해요.

175

풍미가 예술!
가지 굴소스볶음

여름이 제철인 가지를 매일 질리지 않고 먹을 수 있는 방법! 바로 저당 굴소스를 활용한 가지 볶음 요리예요. 가지는 너무 익히면 물컹해지니 센 불로 빠르게 익혀 주세요.

1회분

요리시간
25분

재료

☐ 코코넛오일 4숟가락
☐ 가지 2개
☐ 표고버섯 2개
☐ 양파 1/2개
☐ 대파 1대
☐ 마늘 3개
☐ 참기름 약간

양념장 재료

☐ 간장 1숟가락
☐ 굴소스 1숟가락
☐ 알룰로스 1/2숟가락

선택 재료

☐ 청양고추 1개

1

양념장 재료를 섞어 양념장을 만들어요.

2

가지는 반으로 갈라서 어슷 썰고 양파, 표고버섯은 채를 썰고 마늘은 얇게 썰고 대파는 다져요.

3

팬에 코코넛오일을 두르고 열이 오르면 편마늘과 다진 대파를 넣고 1분간 노릇하게 볶아요.

4

양파, 가지, 표고버섯을 넣고 수분이 생기지 않도록 1분 정도 센 불로 볶아요.

5

양파가 살짝 익으면 미리 섞어둔 양념장을 팬 가장자리 위주로 둘러준 뒤, 센 불로 빠르게 뒤적거리며 1분 이내로 가볍게 볶아요.

6

양념이 고르게 배면 불을 끄고 참기름을 살짝 둘러 완성해요.

★ 매운맛이 필요하면 청양고추를 추가해도 좋아요.

Doctor Lee's Keto Tip

비건 스타일의 키토 식단에서는 코코넛오일을 적극 활용하는 것이 유리합니다. 코코넛오일은 포화지방 함량이 80% 이상으로 식물성 지방 중에서 가장 추천하는 식품이지요. 하지만 다량 섭취 시 장을 자극하거나 설사를 유발할 수 있으므로 몸의 상태를 보고 조금씩 늘려가는 것이 좋습니다.

반찬

2~3인분

요리시간
1시간

한입에 쏙쏙!
굴림만두

일반 굴림만두는 전분 위에 완자를 한 번 가볍게 굴려서 찌기 때문에 얇은 전분피가 있지만, 키토식으로 만들기 위해 그 과정을 생략할게요. 대량으로 만들어서 얼리면 아주 편하게 식사 준비를 할 수 있답니다. 도시락 메뉴로도 좋아요.

만드는 법 ....

재료

☐ 돼지고기 다짐육 500g
☐ 소고기 다짐육 300g
☐ 두부 1/2모
☐ 양파 1개
☐ 대파 1/2대
☐ 다진 마늘 1숟가락
☐ 다진 생강 1/6숟가락
☐ 소금 1/2숟가락
☐ 후추 약간

선택 재료

☐ 숙주 300g

1

대파, 양파는 잘게 다지고, 두부는 최대한 수분을 제거한 후 으깨요.

2

소와 돼지고기 다짐육을 소금과 후추로 밑간한 다음, 큰 볼에 담아 손으로 5분 이상 치대면서 고기 자체의 점성이 생기게 해요.

3

점성이 생긴 고기에 잘게 다진 대파, 양파, 마늘, 생강, 두부를 넣고 다시 치대면서 잘 섞어요.

★ 숙주를 삶아서 물기를 빼고 잘게 다져 넣으면 더 시원한 맛이 나요.

4

고기가 손에서 잘 떨어지도록 손에 올리브오일을 살짝 묻힌 뒤 동글동글하게 한 입 크기로 빚어요.

5

찜기에 찌거나, 오븐 또는 에어프라이어에 속이 익을 때까지 익혀서 완성해요.

★ 이 레시피에서 두부가 빠지면 미트볼이랍니다.

재료는 소박하지만 맛은 특별해

참치 채소동그랑땡

참치 통조림은 중금속 문제로 키토식에서 적극 추천하는 식재료는 아니지만, 구하기 쉽고, 요리하기 간편한 데다 맛있고, 보관하기 좋아 가끔 활용하면 좋아요. 자주 드시지는 마시고 고기가 지겨워지는 시기, '고태기'가 찾아오면 한 번씩 활용해 보세요.

1인분

요리시간
40분

재료

☐ 참치 통조림 1개(200g)
☐ 두부 1/2모
☐ 양파 1/2개
☐ 당근 1/4개
☐ 대파 1대
☐ 청양고추 1개
☐ 달걀 2개
☐ 소금 1/6숟가락
☐ 액젓 1/3숟가락
   ★ 액젓은 생략 가능해요.
☐ 후추 약간
☐ 라드 또는 우지 적당량

1

참치 통조림은 뜨거운 물에 데친 후, 기름기를 빼서 준비해요.

★ 물이나 올리브오일에 재워진 참치를 사용한다면 데치는 과정은 생략 가능하니 물기만 빼서 준비하세요.

2

두부는 키친타월로 물기를 최대한 제거한 후 으깨요.

3

양파, 당근, 대파, 청양고추는 모두 곱게 다져서 준비해요.

4

다진 채소들과 참치, 두부, 소금, 액젓, 후추를 볼에 넣고 가볍게 뒤적여준 다음, 달걀을 풀어 넣고 잘 섞어요.

5

달군 팬에 라드를 충분히 두른 다음 한 숟가락씩 퍼서 올려요.

6

앞뒤로 노릇하게 익혀 완성해요.

탱글탱글~
소시지 채소볶음

소시지는 첨가물이 많아 키토식으로는 권하지 않았어요. 그러나 요즘은 첨가물 없이 만들어진 무첨가 소시지가 시중에 판매되고 있으니 무첨가 소시지를 활용해 간단한 채소볶음을 만들어 보세요.

1인분

요리시간
30분

만드는 법 ··

재료

☐ 무첨가 소시지 200g

☐ 양파 1/2개

☐ 양배추 100g

☐ 브로콜리 100g

☐ 당근 1/4개

   ★ 채소류는 냉장고에 있는 무엇이라도
     좋아요.

☐ 라드 1숟가락

☐ 소금 1/3숟가락

☐ 후추 약간

선택재료

☐ 디종머스터드 적당량

☐ 저당 케첩 적당량

1 양파와 양배추, 브로콜리, 당근은 한입 크기로 썰어요.

2 팬에 물을 1cm 정도 깊이로 붓고 소시지를 통째로 넣어서 물이 다 마를 때까지 중약불로 끓이듯 구워요.

★ 워터프라잉 방법으로 구우면 소시지의 탱글탱글한 식감을 즐길 수 있어요.

3 물이 다 마른 상태에서 팬에 라드를 두른 다음 준비된 채소를 넣어 소금간을 하고 센 불로 1분간 볶아요.

4 채소가 숨이 죽을 정도로 가볍게 익었을 때 불을 꺼요.

5 접시에 채소와 소시지를 올리고 후추를 뿌려 완성해요.

★ 디종머스터드, 저당 케첩 등을 찍어 먹어도 좋아요.

Doctor Lee's Keto Tip

소시지, 베이컨, 스팸 등의 가공육은 케톤 상태를 유지하는 데는 도움이 되나, 건강에는 안 좋을 수 있는 식재료예요. 한 번씩 활용하는 것은 괜찮지만, 매일 밥상에 올리는 건 추천하지 않습니다.

추억의 맛
스팸달걀말이

스팸달걀말이는 만들어서 냉동실에 보관했다가 냉장실에서 자연해동해도 맛이 그대로라 넉넉히 만들어 언제든 비상식량으로 활용하기 좋답니다. 도시락 메뉴로도 그만이에요.

반찬

재료

☐ 스팸 작은 캔 1/2통(100g)
☐ 달걀 5개
☐ 소금 1꼬집
☐ 맛술 1숟가락
☐ 올리브오일 약간

1

스팸은 1cm 두께로 넓게 자른 뒤, 물에 데쳐요.

2

달걀은 소금과 맛술을 넣어서 잘 풀어요.

★ 스팸은 염도가 있기 때문에 달걀이 풀어질 정도로만 소금을 넣어요.

3

달군 팬에 올리브오일을 가볍게 두른 다음, 달걀물을 얇게 부어요.

4

팬의 한쪽에 스팸 2조각을 가지런히 올려요.

5

한쪽 방향으로 접어서 말아요.

6

팬의 절반에 달걀물을 얇게 부어 약불에서 천천히 말아주고 이 과정을 반복해요.

7

다 익으면 한 김 식힌 후, 적당한 크기로 썰어서 완성해요.

★ 너무 뜨거운 상태에서 썰면 달걀이 바스라지듯 흐트러질 수 있어요.

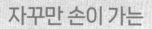

자꾸만 손이 가는

대구전

몇몇 전의 종류는 밀가루 없이 달걀물로만 부칠 수 있어서 생각보다 좋은 키
토메뉴가 될 수 있어요. 특히 대구전은 메인요리로 손색이 없을 뿐만 아니라,
미리 만들어 두었다가 도시락으로도 활용할 수 있답니다.

1~2인분

요리시간
40분

재료

☐ 냉동 대구포 400g

☐ 달걀 3개

☐ 맛술 3숟가락

☐ 소금 1/3숟가락

☐ 후추 약간

☐ 라드 충분히

양파간장 재료

☐ 간장 3숟가락

☐ 식초 1숟가락

☐ 양파 1/4개

☐ 청양고추 1/2개

1

양파는 채 썰고, 청양고추는 송송 썰어 준비해요.

2

양파간장 재료를 섞어서 양파간장을 만들 어요.

3

냉동 대구포는 상온에서 30분 정도 가볍 게 해동한 후 겉면의 물기만 키친타월로 닦아요.

★ 속이 살짝 얼어 있어야 달걀물을 입히는 과정에서 부서지지 않아요.

4

달걀은 소금, 후추와 맛술을 넣어 미리 풀어요.

5

중불로 달군 팬에 라드를 넉넉하게 두르 고 대구포를 한 번 부칠 만큼만 달걀물에 푹 담갔다가 팬에 올려요.

★ 대구포를 달걀물에 미리 담가 두면 부서지기 쉽습 니다.

6

앞뒤로 노릇하게 익혀서 접시에 담고 양 파간장을 곁들여 완성해요.

Doctor Lee's Keto Tip ─────

다양한 흰살 생선을 잘 활용하면 다채로운 식탁을 즐길 수 있고 키토식의 효과를 풍요 롭게 누릴 수 있어요.

반찬

감칠맛이 두 배!
애호박 새우전

빈대떡 크기의 전을 부칠 때는 밀가루나 부침가루 없이 달걀만으로 충분히 만들 수 있어요. 대신 달걀물이 흥건하면 달걀부침이 되기 때문에 내용물이 엉길 정도의 뻑뻑한 달걀물로 부쳐야 해요.

반찬

재료

☐ 애호박 1개
☐ 마른 새우(보리새우) 1줌(10g)
☐ 달걀 1개
☐ 라드 2숟가락
☐ 소금 1/6숟가락
☐ 후추 약간

1 애호박은 채를 썰어 숨이 죽을 정도로만 소금에 미리 절여 놓아요.

2 마른 새우는 칼로 굵게 다져서 준비해요. 새우의 식감이 싫다면 곱게 갈아서 사용해도 좋아요.

3 애호박에서 나온 물은 살짝 따라내 버린 다음 마른 새우와 후추를 넣고 달걀을 풀어 넣어 섞어요.

4 팬에 라드를 두른 다음, 반죽을 지름 10cm 정도 되는 크기로 떠서 올려요.

5 앞뒤로 노릇노릇하게 익혀 완성해요.

★ 키토 식단에 따라 감자전분을 1스푼 정도만 추가해 주면 전을 부칠 때 훨씬 쉬워요. 밀가루나 부침가루는 안 돼요.

삼삼한 맛에 자꾸 끌려

배추전

🍴 1~2인분 ⏱ 30분

달콤한 배추와 고소한 기름이 어우러져서 하염없이 먹게 만드는 마성의 전이랍니다. 배추의 맛으로 먹는 전이라서 밀가루가 없어도 충분히 맛있어요.

 만드는 법

재료

☐ 일배추 잎 10징
　★ 봄에는 봄동으로 만들어도 좋아요.

☐ 달걀 2개

☐ 소금 1/6숟가락

☐ 맛술 1숟가락

☐ 라드 적당량

1

알배추는 낱장으로 떼어낸 뒤 잘 씻어서 물기를 빼고 줄기 부분에 칼집을 내서 준비해요.

2

달걀물은 소금을 넣고 잘 풀어준 다음, 맛술을 넣고 다시 한 번 풀어요.

3

중불로 달군 팬에 라드를 두른 다음, 배추의 잎 부분 위주로 달걀물을 입히고 팬에 올려요.

줄기 부분은 달걀물이 잘 묻지 않으니 기름에 지지듯 구워요. 그래도 충분히 맛은 좋아요.

4

줄기 부분을 눌러주며 달걀물이 노릇하게 익을 때까지 익혀 완성해요.

쪄서 먹어야 제맛!
임연수간장찜

🍴 1인분 ⏲️ 40분

임연수는 겨울에 저렴하게 구할 수 있는 신선한 해산물 식재료 중 하나예요. 물기를 빼서 라드에 굽기만 해도 맛있지만, 쪄서 간장 양념장을 올려 먹으면 더욱 맛있는 요리가 된답니다. 무엇보다 생선은 굽거나 튀기는 것보다 찌는 것이 비린내가 적어서 좋습니다.

만드는 법

재료

☐ 임연수 1마리
　★ 가자미나 코다리로 만들어도 좋아요.

☐ 맛술 1숟가락

양념장 재료

☐ 양파 1/2개
☐ 대파 5cm
☐ 다진 마늘 1/3숟가락
☐ 다진 생강 1/6숟가락
☐ 간장 2숟가락
☐ 고춧가루 1숟가락
☐ 맛술 1숟가락
☐ 참기름 약간
☐ 후추 약간

1

양파와 대파는 잘게 다져요.

2

찜기에 종이포일을 깔고 손질한 임연수를 올린 후, 맛술을 바른 다음 뚜껑을 닫고 20분간 쪄요.

3

양념장 재료를 섞어서 양념장을 만들어요.

★ 단맛이 필요하면 알룰로스를 1숟가락 넣어요.

4

임연수가 다 익으면 양념장을 올리고 3분 정도 더 쪄서 완성해요.

1인분

요리시간
40분

감칠맛에 반하다
데리야끼 가자미구이

생선 손질이 어려워서 집에서 생선을 자주 먹지 못한다면, 대형마트나 온라인 쇼핑몰에서 냉동 두절가자미를 구입해 보세요. 손질할 필요가 없어 간편하게 요리할 수 있어요. 가자미는 중간에 커다란 갈비뼈만 발라내면 되어 먹기가 아주 편하답니다.

재료

☐ 냉동 두절 가자미 1마리
☐ 라드 2숟가락

소스 재료

☐ 대파 1/2대
☐ 홍고추 1개
   ★ 색을 내기 위한 재료이므로 생략해도
     괜찮아요.

☐ 간장 2숟가락
☐ 저당 굴소스 1숟가락
☐ 맛술 2숟가락
☐ 알룰로스 1숟가락
☐ 참기름 1/2숟가락

1

대파와 홍고추는 잘게 다져요.

2

소스 재료를 섞어서 소스를 만들어요.

3

냉장실에서 하룻밤 해동한 가자미를 물로 가볍게 한 번 세척한 다음 키친타월로 물기를 제거해요.

4

> 한 면을
> 3~4분 이상 익혀요.
> 한두 번만 뒤집어야
> 가자미가 부서지지
> 않아요.

중약불로 달군 팬에 라드를 두르고 가자미를 올려 8분 정도 구워요.

  ★ 에어프라이어로 180도에서 20분 정도 익히면 더
    쉽고 편리합니다.

5

다 익은 가자미는 접시에 올리고 간장소스를 가자미 위에 올려 완성해요.

반찬

1인분

요리시간 30분

갈비 부럽지 않아
고등어구이

고등어는 오메가3 지방산이 풍부하고 지방도 풍부해 키토식에 좋은 식재료
예요. 고등어구이는 냉동 고등어를 사다 구우면 더욱 간편하게 만들 수 있
어요. 요즘은 완전히 가시가 제거된 냉동 고등어도 판매한답니다.

재료

☐ 고등어 1마리
　　(손질 후 200g 내외)
☐ 올리브오일 4숟가락

양념장 재료

☐ 간장 1숟가락
☐ 식초 1/3숟가락
☐ 와사비 약간
☐ 알룰로스 1/3숟가락
　★ 알룰로스는 생략 가능해요.

고등어 손질
동영상 보기

1

양념장 재료를 섞어 양념장을 만들어요.

2

고등어는 손질한 후 키친타월로 물기를
완전히 제거해 준비해요.

★ 자반고등어는 물에 살짝 헹궈서 준비하고, 냉동 고
　등어는 냉장실에 미리 넣어 완전히 해동해요.

3

달군 팬에 올리브오일을 두른 뒤, 고등어
안쪽 면을 팬 바닥에 놓고, 뚜껑을 덮어
중불로 5분 정도 익혀요.

4

뒤집어서 겉면도 5분 정도 익혀요.

5

접시에 담고 양념장을 곁들여 완성해요.

★ 익힌 채소나 달걀찜 등과 함께 먹으면 좋아요.

Doctor Lee's Keto Tip

고등어, 정어리, 삼치 등 푸른 생선의 지방에는 오메가3가 풍부해요. 연안에서 잡은 생
선은 환경 호르몬의 영향을 받았을 가능성이 높고, 참치와 같은 큰 생선은 중금속이나
미세 플라스틱의 오염도가 높으므로 기왕이면 좋은 환경에서 잡은, 크기가 작은 생선
을 드시는 게 좋습니다.

반찬

사르르 녹는 맛

갈치조림

칼칼하고 고소한 갈치조림을 만드는 비법은 갈치의 비린내를 잘 제거하는 것이에요.
보통은 쌀뜨물로 비린내를 제거하니 쌀을 먹지 않는 키토인들에겐 조금 어려운 숙
제지요. 이럴 때는 쌀뜨물 대신 밀가루나 전분을 풀어준 물을 이용하면 쉽게 해결할
수 있어요. 그러니 안 먹는 밀가루가 있어도 버리지 마세요.

1~2인분

요리시간
1시간

반찬

재료

- □ 갈치 1마리(6토막 내외)
- □ 무 300g
- □ 양파 1/2개
- □ 대파 1대
- □ 청양고추 1개
- □ 다시마 2장
- □ 후추 약간

양념장 재료

- □ 저당고추장 1숟가락
- □ 고춧가루 2숟가락
- □ 간장 2숟가락
- □ 맛술 2숟가락
- □ 멸치액젓 1숟가락
- □ 알룰로스 1숟가락
- □ 다진 마늘 1숟가락
- □ 다진 생강 1/3숟가락
- □ 후추 약간

1

양념장 재료을 미리 섞어서 양념장을 만들어요.

2

무는 큼직하게 깍뚝썰기 하고, 대파와 청양고추는 어슷 썰고 양파는 채 썰어요.

3

갈치는 쌀뜨물에 30분 정도 담갔다가 꺼내 은색 비늘을 칼로 적당히 제거해 손질해요.

4

넓은 냄비에 무와 다시마를 넣고 잠길 정도로 물을 넣어 익혀요. 다시마는 물이 끓기 시작하면 10분 정도 뒤에 꺼내요.

5

무가 어느 정도 익으면 갈치, 양파, 대파 절반을 넣고 그 위에 양념장을 올린 다음 뚜껑을 닫고 10분간 끓여요.

6

양념이 잘 배고 국물이 졸아들면 나머지 대파와 청양고추, 후추를 넣어 1분 정도 끓여 완성해요.

Doctor Lee's Keto Tip

양념이 진하고 강한 한식 요리도 얼마든지 키토식이 될 수 있습니다. 달걀찜(172쪽 참고)을 밥 대신 곁들여 드셔보세요.

맛이 없을 수가 없어
새우버터구이

누구나 좋아하는 새우요리가 부담되는 이유는 생새우 손질 때문일 텐데요. 생새우 손질이 무섭다면, 손질할 필요가 없는 냉동 칵테일 새우를 활용해 보세요. 붉은색보다 회색 빛깔의 가급적 크기가 큰 새우로 요리하면 더 맛있어요.

1인분

요리시간
30분

재료

- □ 새우 200g(냉동 칵테일새우 대형 기준 15마리 내외)
- □ 쪽파 1줄
- □ 다진 마늘 1숟가락
- □ 버터 3숟가락(30g)
- □ 후추 약간
- □ 소금 약간
- □ 레몬주스 2숟가락
- □ 파슬리가루 1숟가락

새우 손질
동영상 보기

쪽파는 잘게 다져요.

손질된 새우는 겉면의 물기를 제거해서
준비해요.

달군 팬에 버터 1숟가락을 넣어 녹이고
새우와 다진 쪽파, 다진 마늘을 넣어서
2~3분간 굽듯이 볶아요.

★ 불이 너무 세면 버터가 탈 수 있으니 중불 이하에서
조리해 주세요.

버터 2숟가락을 마저 넣고 약간의 소금
으로 간을 하면서 파슬리, 후추, 레몬주
스를 넣고 마저 볶아요.

★ 버터와 코코넛오일을 함께 쓰면 달콤하고 고소한
맛이 두배가 됩니다.

새우에서 나온 자작한 국물이 졸아들 때
까지 중간불로 볶아서 완성해요.

Doctor Lee's Keto Tip

버터 역시 조리용 기름으로 사용하기 아주 좋은 지방입니다. 단, 유제품에 알레르기가
있으신 분은 제한적으로 사용하시는 게 좋아요.

반찬

영양도 최고! 식감도 최고!
전복버터구이

영양분 듬뿍 머금은 보양식 재료, 전복은 손질을 해야 해서 선뜻 사기 망설여지는데요. 손질법을 차근차근 따라 하면 어렵지 않아요. 최근에는 마트에서 손쉽게 냉동 손질전복을 구할 수 있고, 생물의 손질 전복도 온라인에서 쉽게 구할 수 있답니다. 그러니 두려워 말고 만들어 보세요.

1인분

요리시간
40분

만드는 법 ·····

재료

☐ 전복 4마리
☐ 버터 3숟가락(30g)
☐ 다진 마늘 1숟가락
☐ 소금 약간
☐ 후추 약간

전복 손질
동영상 보기

1

전복은 솔로 문질러 깨끗이 씻은 뒤 살만 분리해 이빨과 내장을 제거하고 키친타월로 눌러서 물기를 닦아요.

2

전복의 몸통 부분에 격자무늬로 칼집을 내요.

3

중불로 달군 팬에 버터 2숟가락과 다진 마늘을 넣고 타지 않도록 1분 내외로 볶아요.

4

마늘이 익으면 바로 전복을 넣고, 소금을 약간 넣어 간을 해요.

★ 전복은 너무 많이 익으면 질겨져요. 버터의 향이 밸 정도로만 겉면이 노릇하게 익혀 주세요.

5

전복 겉면이 노릇해지면 버터 1숟가락을 마저 넣은 다음 가볍게 볶고 후추를 뿌려서 완성해요.

자꾸 끌리는 마성의 맛
통오징어 버터구이

전자레인지로 후다닥 해먹을 수 있는 오징어 버터구이 요리에요. 전자레인지 전용
용기가 있으면 좋고, 없어도 두꺼운 도자기 용기에 넣어서 전자레인지에 돌리면 됩
니다. 냉동 오징어를 사용하실 때에는 꼭 냉장실에서 하루 전 해동해서 사용하세요.
오징어 자체에 염분이 있어서 소금간은 따로 하지 않아도 괜찮아요.

1인분

요리시간
20분

만드는 법 ··

반찬

재료

☐ 물오징어 2마리
☐ 마늘 5개
☐ 버터 20g

1

마늘은 다져요.

★ 마늘은 얇게 썰어도 좋아요.

2

생오징어는 배를 가르지 않고 몸통과 다리를 분리해 내장을 제거하고 깨끗이 씻은 후 체에 밭쳐요.

★ 잘라서 조리를 하면 오징어 육즙이 너무 빠져버려서 맛이 떨어져요. 통으로 익힌 뒤 잘라서 드세요.

3

전자레인지 용기에 오징어를 담고 버터와 다진 마늘을 올리고 전자레인지에서 1200W 기준으로 6분 정도 돌려요.

★ 오징어의 크기와 전자레인지 출력에 따라 시간을 조절해요.

오징어에서 나온 육수는 소스 삼아 먹어요.

4

집게와 가위를 이용해 오징어를 먹기 좋게 잘라 완성해요.

Doctor Lee's Keto Tip

오징어, 문어, 조개류, 갑각류 등 각종 해산물로 다양한 키토식을 즐길 수 있는 것은 반도인 우리나라의 축복입니다. 해산물을 활용해 다채로운 키토식을 만들어 보세요. 지방섭취가 부족할 때는 버터가 아주 좋은 솔루션이 됩니다. 키토식 하면 너무 육류만 떠올리지 마시고 이 레시피처럼 버터를 다양하게 활용해 보세요.

입맛 없을 땐
연어장

키토요리 재료로 육류 중에 삼겹살을 가장 먼저 꼽는다면 해산물에는 연어가 있습니다. 먹다가 남은 연어회를 어떻게 처리할까 고민이라면 연어장을 만들어 보세요. 만든 다음 날 더 맛있게 먹을 수 있답니다. 키토식 연어장은 염도와 당도가 낮으므로 하룻밤만 숙성해서 바로 드셔야 해요.

재료

- ☐ 연어 200g
- ☐ 양파 1/2개
- ☐ 청양고추 1개
- ☐ 마늘 3개
- ☐ 레몬 1/3개
  - ★ 연어회를 사면 곁들임 채소로 주는 양파, 고추, 마늘 슬라이스를 활용하면 좋아요.

연어장소스 재료

- ☐ 간장 1/2컵
- ☐ 소금 1/6숟가락
- ☐ 물 1컵
- ☐ 맛술 4숟가락
- ☐ 알룰로스 2숟가락

선택재료

- ☐ 아보카도 적당량

1

양파는 채썰고, 청양고추는 송송 썰고, 레몬과 마늘은 얇게 썰어요.

2

연어장소스 재료를 섞어서 소스를 만들어요.

3

연어장소스를 냄비에 담아 한 번 끓어오르면 불을 끄고 완전히 식혀요.

4

유리용기에 연어를 올리고 그 위에 양파, 청양고추, 마늘, 레몬을 올려요.

5

완전히 식은 연어장 소스를 **4**에 붓고 밀폐하여 냉장보관해요.

6

6시간 정도 지나 간이 배면 완성이에요.

★ 아보카도와 곁들여 먹으면 더 맛있어요.

반찬

KETO
RECIPE

5

반찬 걱정 끝!
밑반찬

다회분

요리시간
1시간

시원칼칼 개운한 맛!
나박물김치

김치이지만, 피클보다 더 만들기 쉬운 나박김치예요. 물김치라 여름에 고기와 함께 먹기 좋답니다. 겨울에는 국물의 양을 적게 하고 배추와 무의 양을 많이 해서 피클처럼 먹을 수도 있어요.

재료

- ☐ 무 1/3개(300g)
- ☐ 배춧잎 4장
- ☐ 쪽파 4줄
- ☐ 다진 마늘 1/2숟가락
- ☐ 고춧가루 1숟가락
- ☐ 소금 2숟가락
- ☐ 물 4컵

1

먼저 물 1컵에 고춧가루를 수북하게 넣어 불려 놓아요.

2

무와 배추는 가로세로 3cm 크기로 나박 썰기 하고 쪽파는 3cm 길이로 썰어요.

3

손질한 무와 배추는 통에 담아 소금에 절여요.

4

고춧가루를 충분히 불렸다면, 체에 걸러 물을 3에 부어요.

5

걸러진 고춧가루를 다시 물 1컵에 넣고 체에 걸러 통에 부어요. (총 3번 반복)

★ 통에 물을 담고 고춧가루를 체망에 담아서 풀어도 되지만 이 경우 시간이 지나면서 고춧가루가 가라앉아 층 분리가 일어날 수 있어요. 번거롭더라도 고춧가루를 물에 불려서 체에 내려주세요.

6

5에 다진 마늘과 쪽파를 넣고 전체적으로 고르게 섞어요.

7

상온의 그늘진 곳에서 여름철에는 반나절, 겨울엔 이틀 정도 두었다가 냉장보관해요.

★ 식당 물김치의 달콤한 맛을 느끼고 싶다면 나랑드 사이다(무가당 사이다)를 1/2컵 정도 넣어 보세요.

입맛 확 잡아주는
초장겉절이

부산 영도 쪽의 전집에서 맛본 독특한 겉절이인데요. 초장으로 버무려 새콤달콤하고 맛있어 키토식으로 만들어 봤습니다. 각종 전류, 대패삼겹살구이 등 기름진 음식과 잘 어울려요.

다회분

요리시간
20분

만드는 법 ....

재료

☐ 양배추 200g

☐ 당근 1/2개

☐ 깻잎 5장

☐ 미나리 1줌

☐ 키토초장 3숟가락

    ★ 47쪽 한식 비빔초장을 참고하세요.

☐ 참기름 1숟가락

☐ 참깨 약간

1

채소는 모두 채 썰어 준비해요.

2

큰 볼에 모든 채소를 담고 키토초장을 넣어 버무려요.

3

잘 섞고 간이 맞으면 참기름과 참깨를 뿌려 완성해요.

★ 겉절이용 채소는 상추, 양배추, 알배추 같은 잎채소를 기본으로 하고 미나리와 부추같이 향이 강하고 질긴 채소를 소량 넣어주면 좋습니다.

211

무생채

무는 뿌리채소이지만, 소화에 도움을 주는 식재료이기 때문에 고기에 곁들여 먹기 좋아 키토 메뉴로 좋습니다. 무로 만드는 밑반찬으로는 깍두기, 섞박지 등의 무김치도 좋지만, 숙성이 필요하지 않아 만들기 쉬운 무생채는 바쁜 현대인들에게 안성맞춤의 밑반찬이랍니다.

다회분

요리시간
30분

만드는 법 ....

재료

- ☐ 무 500g
- ☐ 소금 1숟가락
- ☐ 다진 마늘 1/2숟가락
- ☐ 고춧가루 2숟가락
- ☐ 식초 2숟가락
- ☐ 액젓 1숟가락
- ☐ 알룰로스 1숟가락

1

무는 가늘게 채 썰어 준비해요.

2

채 썬 무에 소금을 골고루 뿌리고 가볍게 버무려 5분 정도 절여요.

★ 시간이 없다면 절임 과정을 생략해도 됩니다. 단, 절이지 않으면 보관할 때 물이 많이 생겨서 맛이 떨어질 수 있어요.

3

큰 그릇에 고춧가루, 식초, 다진 마늘, 액젓, 알룰로스를 넣고 섞어요.

4

섞은 양념에 물기를 제거한 무를 넣고 버무려 완성해요.

★ 바로 먹어도 좋고, 넉넉히 만들어 두고 먹으려면 소금간을 약간 더 하세요.

Plus Keto Cooking

무나물

☐ 무 1/4개(250g) ☐ 올리브오일 또는 들기름 3숟가락 ☐ 다진 마늘 1숟가락 ☐ 국간장 2숟가락

1 무는 채 썰어요.
2 팬에 올리브오일 3숟가락을 두르고 다진마늘 1숟가락을 넣어 1분 정도 볶아요.
3 팬에 무를 넣고, 국간장 2숟가락을 넣어 간을 해요.
4 무가 반투명해질 때까지 5분 정도 더 볶아서 완성해요.

매일 먹어도 물리지 않는
양파장아찌

양파가 제철인 4~6월에 저렴하게 구매해서 만들어 놓았다가 1년 내
내 언제든 꺼내 먹어보세요. 이 간장 촛물 레시피를 이용해서 여러
가지 다양한 제철 채소 장아찌를 만들 수 있답니다.

다회분

요리시간
40분

214

재료

□ 양파 500g
　(작은 크기 양파 3개)
□ 홍고추 1개(생략 가능)
□ 청양고추 2개

절임물 재료

□ 물 1/2컵
□ 간장 1컵
□ 양조식초 1컵
□ 알룰로스 3숟가락
□ 다시마 1장

1

양파는 반으로 자르고 다시 4등분해요.
고추는 1cm 정도로 썰어요.

2

물 1/2컵에 다시마를 넣고 가볍게 끓인
다음, 간장과 식초, 알룰로스를 넣고 한
소끔 끓여요.

★ 장아찌 간장은 오이같이 수분이 많은 재료로 만들
　때는 물을 1/2컵 이하로 줄이고, 마늘쫑이나 깻잎
　등 수분이 적은 재료로 만들 땐 물의 양을 1컵으로
　늘려요.

3

내열용기에 손질된 양파와 고추를 담고,
끓인 간장 절임물을 바로 부어요.

4

완전히 식은 다음 냉장고에 하루 정도 보
관해 완성해요.

★ 장아찌를 다 먹고 남은 간장촛물은 팔팔 끓여서 거
　품을 걷어낸 뒤 식혀서 활용하면 좋아요.

밑반찬

당근의 화려한 변신
당근라페

 다회분 🍳 30분

새콤한 매력이 있는 절임 샐러드예요. 샐러드 토핑이나 스테이크 가니시로도 좋고, 치즈나 아보카도를 곁들이면 가벼운 한 끼 식사로도 충분해요. 파슬리 대신 좋아하는 향신채를 곁들여서 만들면 나만의 풍미를 담은 샐러드를 만들 수 있답니다.

 만드는 법

재료

- ☐ 껍질을 벗긴 당근 450g
  (중간 크기 당근 2개)
- ☐ 소금 1/3숟가락
- ☐ 올리브오일 4숟가락
- ☐ 레몬즙 또는 식초 2숟가락
- ☐ 홀그레인머스타드 2/3숟가락
- ☐ 알룰로스 1/3숟가락

1

당근은 채칼을 사용해 가늘게 채 썰어요.

2

소금에 5분 정도 절인 후 가볍게 물기를 짜내요.

3

레몬즙 또는 식초와 올리브오일, 홀그레인머스타드, 알룰로스를 넣고 뒤적거리듯 섞어 완성해요.

★ 이탈리안파슬리 등의 허브를 취향껏 넣으면 좋아요.
★ 만들자마자 바로 먹어도 되지만, 냉장고에서 1시간 정도 숙성한 뒤에 먹으면 더 맛있어요.

소박한 재료로 만드는
특별한 반찬
사우어크라우트

 다회분 🍲 40분

독일식 양배추 김치예요. 양배추가 가진 장점을 가장 극대화시켜서 먹을 수 있는 아주 훌륭한 저장식품입니다. 생각보다 만들기도 쉽고 냉장고에 쟁여놓고 언제든 꺼내 먹기 좋아요. 참고로 독일 발음으로는 자우어크라우트(Sauerkraut)입니다.

 만드는 법 ·····················

재료

☐ 양배추 1통(약 2kg)
☐ 소금 40g(양배추 무게의 2%)
  ★ 사우어크라우트 성공의 비결은 정확한 소금의 양입니다.

선택재료
☐ 월계수잎 등 향신료 약간

1

세척한 양배추는 겉잎 한 장을 제외하고, 나머지는 0.5~1cm 정도로 채 썰어요.

2

양배추에 계량된 소금을 뿌려요. 양배추가 전체적으로 숨이 죽고 물기가 자작하게 나올 때까지 손으로 바락바락 주물러요.

3

열탕 소독된 용기에 **2**를 90% 정도까지만 담고 맨 위에 넓은 겉잎 하나를 덮어요. 무거운 그릇으로 눌러서 양배추가 물 위로 뜨지 않도록 보관해요.

4

상온에서 일주일 정도 숙성시킨 후, 냉장고에 보관해요.

★ 월계수잎 등 향신료를 약간 넣어줘도 좋아요.

싱그러운 별미 밑반찬
오이딜피클

생소하지만, 한 번 먹으면 빠져들 수밖에 없는 오이딜피클이에요. 특히 고기에 곁들여 먹기 좋아요. 오이와 딜의 향이 싱그러워 고기를 더 맛있게 먹을 수 있도록 해준답니다. 오이를 썰지 않고 통째로 담으면 더 맛있는데, 먹을 때마다 자르는 게 귀찮을 수 있으니 취향껏 만들어 보세요.

다회분

요리시간
40분

만드는 법

재료

☐ 오이 500g(4개 내외)
☐ 딜 10g
☐ 굵은소금 약간(세척용)

절임물 재료

☐ 물 2컵
☐ 식초 1컵
☐ 소금 3숟가락
☐ 피클링스파이스 1/3숟가락
☐ 알룰로스 3숟가락

★ 피클의 상큼한 맛을 좋아한다면,
알룰로스를 빼는 것을 추천합니다.

1

오이는 굵은소금으로 문질러서 닦고, 딜은 세척 후 물기를 빼서 준비해요.

2

오이를 2cm 정도 길이로 자른 뒤, 미리 열탕 소독해 둔 유리용기에 담아요. 이때, 오이 사이사이에 딜을 섞어서 넣어요.

3

절임물 재료를 모두 섞어 가볍게 끓여요.

4

뜨거울 때 바로 유리병에 부어요.

5

상온에서 완전히 식힌 뒤, 냉장고에 하루 정도 숙성해 완성해요.

상큼하게 입맛 돋는
샐러리피클

 다회분 40분

샐러리는 1단을 사면 양이 꽤 많은데요. 냉장고에 남은 샐러리가 부담스럽다면 아삭아삭하고 향긋한 샐러리 피클을 만들어 보세요. 어떤 고기와도 잘 어울리고 입맛을 돋우는 데도 그만이에요. 무가 제철일 때는 샐러리 대신 무로 만들어도 정말 맛있어요.

 ## 만드는 법

재료

☐ 샐러리 1단

절임물 재료

☐ 물 1컵

☐ 식초 1/2컵

☐ 소금 1숟가락

☐ 알룰로스 3숟가락

☐ 피클링스파이스 1/3숟가락

1

깨끗하게 세척한 샐러리는 잎 부분을 떼어내고 줄기 부분만 1cm 길이로 어슷 썰어요.

★ 당근이나 빨간 파프리카를 넣어주면 보기가 더 좋습니다.

2

냄비에 물, 식초, 소금, 알룰로스, 피클링스파이스를 넣고 끓여서 절임물을 만들어요.

3

열탕 소독된 내열 용기에 샐러리를 넣고 팔팔 끓은 절임물을 부어요.

4

상온에서 완전히 식힌 후, 냉장고에서 2~3일 숙성시켜 완성해요.

자투리채소로 만드는
근사한 반찬
일본식 채소절임

🍴 다회분   🍲 20분

일본식 채소절임, 츠케모노는 피클과 달리 후다닥 만들어 먹을 수 있는 일본식 채소절임이에요. 무, 배추, 양배추, 당근, 오이, 가지, 양파 등 자투리 채소들이 냉장고에서 시들어갈 때, 간편하게 만들어보세요. 특히 고기에 곁들여 먹기 참 좋답니다.

🥢 만드는법

재료

☐ 가지 1개
☐ 당근 1/2개
☐ 양배추 100g
☐ 다시마 1조각
☐ 홍고추 2개(생략 가능)
☐ 소금 3숟가락
☐ 식초 3숟가락
☐ 에리스리톨 3숟가락

★ 오이나 무, 양파같이 물이 많은 채소라면 소금과 식초, 에리스리톨의 양을 각각 3%로 맞추면 되고, 당근처럼 수분이 없는 채소라면 각각 2%로 맞추면 됩니다.

1

씻어서 물기를 뺀 채소들은 한입 크기로 잘라 준비해요.

2

비닐봉지에 손질한 채소와 다시마, 홍고추를 넣고 소금, 식초, 에리스리톨을 넣어 잘 섞이도록 흔들어요.

★ 소금과 식초, 에리스리톨은 각각 채소 무게의 3%에 해당하는 양으로 계량해요.

3

공기를 모두 빼고 비닐을 꽉 묶어 냉장고에 보관해요.

★ 30분 정도 보관한 후 바로 먹을 수 있지만, 하룻밤 정도 숙성시키면 다시마의 감칠맛이 더해져서 더 맛있어요.

KETO
RECIPE

6

바쁜 아침, 후다닥 만드는
도시락

1인분

요리시간
50분

눈 깜빡할 새에 순삭!
당근김밥

전주의 유명 김밥집의 당근김밥을 응용한 레시피예요. 당근이 저렴하고 달콤한 겨울에는 제주 구좌 당근으로 당근김밥을 만들어 보세요. 당근 3kg을 사도 금방 해치울 수 있을 정도로 중독적인 맛이랍니다.

만드는 법 ···

재료

☐ 김밥 김 1장
☐ 당근 1개
☐ 달걀 2개
☐ 소금 약간
☐ 올리브오일 2숟가락

1

당근은 채칼로 가늘게 채 썰어 준비해요.

★ 여름엔 당근 대신 오이로 만들어도 맛있어요.

2

프라이팬에 올리브오일을 두르고 당근을 볶아요.

★ 바로 먹을 경우에는 라드로 볶는 것을 더 추천해요.

3

달걀은 소금을 넣어 풀어준 다음, 김밥 길이에 맞춰 달걀말이 느낌이 나도록 도톰하게 부쳐요.

4

김발 위에 김을 올리고 먼저 당근을 넓고 평평하게 깔아주고 가운데에 달걀을 올려요.

★ 달걀지단 외에 넣고 싶은 재료가 있다면 추가해도 좋아요.

5

김밥 끝에 물을 묻혀서 말아 마무리하고 접착면이 아래로 가게 5분 정도 둔 뒤에 썰어서 완성해요.

★ 2~3회 이상 만들 수 있는 분량을 한 번에 준비해 두었다가 남은 밑재료를 냉장고에 보관해요. 필요할 때 꺼내서 바로 말아 먹으면 편리하고 맛도 크게 해치지 않아서 좋아요.

아삭한 식감이 예술
양배추김밥

시판 김밥 속재료를 이용해서 밥 없이 만들 수 있는 김밥을 고민하다 개발한 레시피예요. 키토 김밥이지만 가장 속세의 맛에 가까운 스타일로 만들어 보았어요. 만들기는 조금 까다로운 편이지만 시중 김밥보다 더 개운하고 맛있어서 계속 찾게 된답니다.

1인분

요리시간
50분

만드는 법 ···

재료

- □ 김밥김 1~2장
- □ 상추 4장
- □ 당근 1/4개
- □ 양배추 200g
- □ 달걀 2개
- □ 저당 마요네즈 2숟가락
- □ 소금 약간

도시락

1

당근은 가늘게 채 썰어요. 양배추는 채 썰고 물에 씻은 다음 물기를 완벽하게 제거해서 준비해요.

2

프라이팬에 올리브오일을 두르고 당근을 볶아요.

★ 바로 먹을 경우에는 라드로 볶는 것을 더 추천해요.

3

달걀은 소금을 넣어 잘 풀고, 김밥 길이에 맞춰 달걀말이 느낌이 나도록 도톰하게 부쳐요.

4

김이 얇으면 찢어지기 쉬우니 김 두 장을 겹쳐서 말아요.

김발 위에 김밥 김을 올리고 상추 4장을 고르게 펼쳐요. 이때 잎사귀의 넓은 면이 서로 닿도록 올려요.

5

상추 위에 채 썬 양배추를 넓게 올리고 저당 마요네즈를 길게 뿌린 다음, 중앙에 달걀, 당근을 올려요.

★ 맛살, 소시지, 우엉 등 시판 김밥 속재료를 추가해도 좋아요.

6

김발을 꾹꾹 눌러가며 말아요.

7

김밥 끝에 물을 묻혀서 말아 마무리하고 접착면이 아래로 가게 5분 정도 둔 뒤에 썰어서 완성해요.

달걀지단김밥

키토김밥 중에서 가장 인기가 많은 김밥이에요. 밑재료 준비가 약간 번거로울 뿐, 만들기는 어렵지 않아요. 스트링치즈가 없다면 묵은지제육, 무첨가 소시지, 참치 등을 취향껏 넣어 만들어 보세요.

1인분

요리시간
50분

만드는 법 ···

재료

□ 김밥김 1장
□ 달걀 4개
□ 오이 1/2개
□ 당근 1/2개
□ 스트링치즈 2개
□ 소금 약간
□ 올리브오일 2숟가락

1

달걀은 소금을 넣어서 잘 풀어준 뒤, 프라이팬에 최대한 얇게 부쳐요.

2

달걀 지단을 식힌 다음 돌돌 말아 채 썰어요.

3

당근과 오이도 가늘게 채 썰어 준비해요.

4

팬에 올리브오일을 두르고 당근을 넣고 소금 약간을 뿌려 볶아요.

5

김발 위에 김을 펼친 뒤, 4/5 범위만큼 달걀지단을 넓게 펼쳐서 올린 다음, 가운데에 스트링치즈와 오이, 당근을 올려 말아요.

6

김밥 끝에 물을 묻혀서 말아 마무리하고 접착면이 아래로 가게 5분 정도 둔 뒤에 썰어서 완성해요.

도시락

밀가루 만두 부럽지 않아
라이스페이퍼만두

키토제닉 다이어트를 하면서 가장 피해야 할 첫 번째 식재료가 밀가루이다 보니, 만두 종류를 먹기가 어려워요. 하지만 밀가루가 빠진 만두소는 그 자체로 키토식이기 때문에, 만두피를 빼거나 만두피를 바꾸어 만들면 얼마든지 먹을 수 있답니다.

만드는 법 ....

재료

☐ 라이스페이퍼 5장

★ 라이스페이퍼 한 장당 탄수화물이 4g 정도 들어있어요. 쌀가루와 더불어 타피오카 전분이 들어있으니 쌀 함량이 높은 것을 선택하세요.

☐ 만두소 200g

★ 굴림만두(178쪽)를 참고하세요.

☐ 숙주 1줌

☐ 부추 1줌

☐ 소금 1/6숟가락

☐ 라드 혹은 올리브오일 적당량

1

굴림만두(178쪽)를 참고하여 만두소를 만들어요.

2

숙주와 부추를 잘게 썬 다음 만두소에 넣어 버무리고 소금으로 간을 해요.

3

달군 팬에 기름을 1숟가락 두르고 만두소를 센 불에 1분간 볶아 익혀요.

★ 너무 오래 볶으면 숙주에서 물이 나와 라이스페이퍼가 잘 찢어지니 가볍게 볶아요.

4

라이스페이퍼는 물에 살짝 담갔다 바로 빼서 도마 위에 올리고, 볶은 만두소를 중앙에 놓고 4면을 잘 오므려서 말아요.

★ 라이스페이퍼를 원형으로 말기 어려우면, 보자기를 싸듯 사각형 형태로 만들면 쉬워요.

5

달군 프라이팬에 라드를 듬뿍 둘러준 다음 강불에 튀기듯 익혀 완성해요.

환상의 조합!
새우 우삼겹말이

 2인분 40분

새우 우삼겹말이는 보통 칼로리의 죄책감 때문에 쉽게 먹지 못하는 메뉴이지만 키토식에서는 대환영이랍니다. 구워서 바로 먹으면 육즙 터지는 탱글한 맛을 즐길 수 있고 식은 뒤에 먹으면 쫀득해서 도시락으로도 좋아요.

 ## 만드는 법

재료

- □ 새우 20마리
- □ 우삼겹 20장(500g)
- □ 버터 2숟가락(20g)
- □ 소금 약간
- □ 후추 약간

새우 손질
동영상 보기

1

새우는 끓는 물에 데쳐 익힌 뒤 물기를 완전히 제거해요.

2

새우를 우삼겹으로 돌돌 말아요.

3

팬에 버터를 두르고 **2**를 앞뒤로 2분간 번갈아 가며 익혀요.

★ 가염버터를 사용할 경우, 소금간을 조절해야 해요!

4

그릇에 담고 소금, 후추를 뿌려 완성해요.

★ 소스가 필요하다면 데리야끼 혹은 레몬갈릭마요네즈를 곁들여도 좋습니다.

이름 좀 날린 그 두부요리
칼집두부구이

 1인분 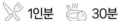 30분

한때 SNS에서 화제가 되었던 칼집두부구이예요. 버터를 추가해서 먹어도 좋답니다. 만약 에어프라이어가 없다면 프라이팬에 라드를 듬뿍 올리고 앞뒤로 노릇노릇 구운 다음 양념장을 곁들여 먹어도 맛있어요.

 만드는 법

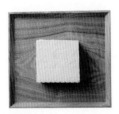

재료
- □ 두부 1모(300g)
- □ 올리브오일 3숟가락
- □ 간장 2숟가락
- □ 후추 약간

선택재료
- □ 라구소스 적당량
  - ★ 48쪽을 참고하세요.

1
두부는 키친타월로 가볍게 눌러 물기를 최대한 제거해요.

2
두부 아랫부분에 1~1.5cm 정도의 여유를 두어 격자무늬의 칼집을 넣어요.

3
올리브오일, 간장, 후추를 잘 섞은 뒤, 두부 사이사이에 골고루 뿌려요.

4
에어프라이어에 넣고 200도에서 15~20분 정도 구워 완성해요.

★ 라구소스를 올려 먹으면 훨씬 든든하게 먹을 수 있어요.

도시락

훈제오리 양배추쌈

후끈한 여름에 입맛은 없고 고기 굽기 귀찮을 때 해 먹기 좋아요. 한 번에 많이 만들어서 냉장고에 넣어 놓으면 언제든 간편하게 꺼내 먹을 수 있어요. 지방이 약간 부족한 편이라 키토 마요네즈소스를 곁들이면 좋고, 키토 쌈장과도 잘 어울려요.

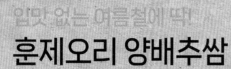

1인분

요리시간
30분

재료

☐ 훈제오리 슬라이스 200g
☐ 양배추 1/4통
☐ 쌈무 적당량

★ 설탕 무첨가 제품으로 구매하세요.

소스 재료

☐ 저당 마요네즈 3숟가락
☐ 알룰로스 1숟가락
☐ 맛술 1숟가락
☐ 참깨가루 1/3숟가락
☐ 레몬즙 1/3숟가락
☐ 간장 1/3숟가락
☐ 소금 1/6숟가락

★ 매콤한 맛이 좋다면 참깨가루 대신 와사비를 넣어보세요.

1

소스 재료를 섞어 소스를 만들어요.

2

훈제오리 슬라이스 제품은 팔팔 끓는 물에 20초 정도 가볍게 데친 뒤, 체에 받쳐 물기를 제거해요.

3

양배추는 가운데 심지를 제거하고 물로 두세 번 행궈 물기를 빼요.

4

전자레인지 용기에 양배추를 담고 바닥에 물을 자작하게 담은 뒤 랩을 씌운 다음 전자레인지에 10분 정도 돌려서 익혀요.

5

양배추, 쌈무, 훈제오리 순서로 올려 돌돌 말아요.

6

접시에 올리고 소스를 곁들여 완성해요.

도시락

Doctor Lee's Keto Tip

훈제오리는 가공육류로서 햄의 일종입니다. 가장 좋은 오리 섭취 방법은 생 오리고기를 조리해서 먹는 것인데요. 편의성을 위해 훈제오리를 드시는 경우에는 끓는 물에 1분 이상 데쳐서 아질산나트륨을 비롯한 여러 첨가물을 제거하고 드시는 것이 좋습니다.

식어도 맛있어
상추 고기쌈

구운 고기나 수육이 지겨울 때, 혹은 도시락을 데워 먹기가 불편할 때 유용한 메뉴예요. 양념한 다짐육을 소분해서 냉장 또는 냉동보관 해두면 아침에 빠르게 볶아서 만들 수 있어 간편하답니다. 다짐육을 이용했기 때문에 식어도 뻣뻣함이 덜해 데우지 않고 먹기가 좋아요.

재료

- ☐ 상추 10장
- ☐ 돼지고기(또는 소고기) 다짐육 200g
- ☐ 대파 1/2대
- ☐ 양파 1/2개
- ☐ 라드 1숟가락

양념 재료

- ☐ 간장 2숟가락
- ☐ 맛술 1숟가락
- ☐ 참기름 1숟가락
- ☐ 알룰로스 1/3숟가락
- ☐ 후추 약간

선택재료

- ☐ 곤약밥

1

대파와 양파를 다져요.

2

양념 재료를 모두 섞어요. 볼에 고기, 다진 양파, 만들어둔 양념을 넣고 함께 섞어요.

3

팬에 라드를 두르고 다진 파를 볶아 향을 내요.

4

3에 양념한 다짐육을 넣고 물기가 없어질 때까지 볶아요.

5

깨끗이 씻은 상추는 물기를 깨끗이 털어내고, 줄기 끝부분을 잘라 깔대기 모양으로 접은 다음 고기를 적당량 올려요.

★ 유산지컵을 활용하면 더 쉬워요.

6

도시락 통에 차곡차곡 담아 완성해요.

★ 상추에 먼저 곤약밥을 깐 다음, 고기를 올리면 쌈밥이 된답니다.

Doctor Lee's Keto Tip

한식의 특징 중 하나인 쌈문화는 키토식에 맛과 건강을 더해준답니다. 다만, 위장이 약해 고기와 쌈채소를 함께 소화하기 어려운 분들은 끼니를 달리해서 한 끼는 채소 위주, 한 끼는 고기 위주로 나눠 먹는 것도 좋아요.

1인분

요리시간
40분

먹다 남은 제육볶음의 화려한 변신
제육 양배추쌈

매콤칼칼한 제육볶음과 아삭하고 시원한 양배추의 조합이 아주 좋은 메뉴예요. 전날 먹다 남은 제육볶음을 도시락으로 활용하는 레시피인데, 만들어서 먹고 나면 일부러 양배추쌈을 위해 제육볶음을 만드는 자신을 발견하게 될 거예요.

재료

☐ 양배추 겉잎 2장
☐ 깻잎 4장
☐ 제육볶음 300g
　★ 78쪽을 참고하세요.

1

양배추는 최대한 큰 잎으로 준비해 세척한 후 전자레인지에 물과 함께 6분 정도 쪄요.

★ 전자레인지 출력에 따라 시간을 조절하세요. 잘 익어야 잘 구부러집니다.

2

제육은 물기가 없게 다시 한 번 팬에 바싹 볶아서 준비해요.

3

김발 위에 양배추를 평평하게 깔고, 그 위에 깻잎을 4장 정도 펼쳐요.

4

김밥 속재료 넣듯 제육볶음을 올려서 돌돌 말아요.

★ 만약 양배추 잎이 충분히 크지 않다면 랩을 깐 상태에서 같이 말아주세요.

5

한입 크기로 썰어서 완성해요.

고소한 치즈 쭈욱
늘여 먹는 재미

베이컨 치즈말이

 1인분 30분

일반 다이어터라면 꿈도 못 꿀 베이컨과 치즈를 메인 요리로 먹을 수 있다는 점이 키토제닉 다이어트의 매력이에요. 손쉽게 만들 수 있지만 맛은 꽤 훌륭하답니다. 샐러드에 곁들여도 좋고, 저당 케첩이나 스리랏차 소스를 곁들여도 좋아요.

 만드는 법

재료

☐ 스트링치즈 5개
☐ 베이컨 5줄

선택재료

☐ 저당 케첩 또는 스리랏차 소스
   적당량
☐ 파슬리가루 약간

1

스트링치즈를 베이컨으로 돌돌 말아 이쑤시개로 고정해요.

2

파슬리를 뿌려 장식해도 좋아요.

달군 프라이팬 위에 굴려가며 베이컨이 바삭하게 익을 때까지 5분 정도 구워 완성해요.

★ 뜨거울 때 바로 먹으면 치즈의 부드럽고 크리미한 식감이 좋고, 식은 뒤 먹으면 쫀득한 식감이 좋으니 취향대로 드세요.

그럴듯한 10분 요리
편의점 샐러드정식

 1인분 10분

후다닥 10분 만에 만들 수 있어 바쁜 회사생활을 하는 직장인도 부담 없이 즐길 수 있는 샐러드예요. 편의점에서 24시간 구할 수 있고 만들기도 쉽지만 든든하게 먹을 수 있는 초간단 요리랍니다. 겉보기엔 가벼워 보이지만, 실제로는 포만감 좋은 훌륭한 한 끼예요. 무엇보다 어디서나 언제나 사서 해먹을 수 있다는 것이 최대 장점입니다.

 만드는 법

재료

□ 편의점 닭가슴살 1봉지
□ 각종 샐러드믹스 1개
□ 올리브오일 적당량
□ 소금 약간
□ 식초 약간
□ 후추 약간

1

편의점에서 판매하는 닭가슴살 1봉지를 데워서 적당한 크기로 썰어요.

★ 닭가슴살 외에도 편의점에서 파는 반숙란, 스트링치즈, 낫또 등 취향껏 더해 보세요.

2

샐러드는 채소로만 구성된 제품을 준비해요.

★ 치킨텐더와 같이 밀가루를 튀긴 식재료 혹은 말린 과일 등이 토핑으로 올라간 제품은 금물입니다. 부득이하게 구매하게 되더라도 제외하고 드세요.

3

샐러드에 닭가슴살을 올리고 올리브오일과 소금, 식초를 아끼지 말고 뿌려 완성해요.

★ 샐러드와 같은 생채소는 칼륨 함량이 높고, 소화가 잘 안 되기 때문에 소금과 식초를 과하다 싶을 정도로 충분히 뿌려서 먹어야 소화에 도움이 됩니다.

가볍고 산뜻한 샌드위치
언위치

샌드위치인데 빵이 없어서 언위치(Unwich)라고 불러요. 빵 대신 쌈채
소로 내용물을 감싸서 만든 샌드위치랍니다. 성공 포인트는 속재료의
물기 제거인데요. 특히 양상추는 물기를 털어내고 키친타월 등을 사용
해 수분을 완전히 제거해서 사용하세요.

재료

☐ 양상추 겉잎 6장

★ 케일, 상추 등으로 대체 가능해요.

☐ 시판 닭가슴살 1장

★ 소시지, 햄버거 패티 등으로 대체 가능해요.

☐ 오이 1/4개

☐ 토마토 1/2개

☐ 달걀 1개

☐ 저당 마요네즈 1숟가락

☐ 소금 약간

☐ 후추 약간

양상추는 깨끗이 씻어 키친타월로 물기를 제거하고, 오이는 어슷 썰고, 토마토는 씨를 제거해서 도톰하게 썰어요.

오이는 소금에 살짝 절인 뒤 물기를 짜서 준비해요.

닭가슴살은 전자레인지에 살짝 데워요.

달걀은 완숙 프라이로 준비해요.

★ 반숙은 흐를 수 있으니 가급적 완숙을 추천해요.

도마 위에 샌드위치 3배 길이의 랩을 깔고 양상추 3장을 가지런히 포갠 뒤, 마요네즈를 올려요.

★ 마요네즈는 재료가 눌리면서 저절로 퍼지니 애써 펴 바르려고 하지 않아도 돼요.

양상추 위에 오이, 닭가슴살, 달걀프라이, 토마토를 올리고 소금과 후추를 살짝 뿌려요.

뚜껑을 덮듯이 양상추 3장으로 덮은 다음, 랩을 당기며 재료를 누르듯 감싸서 말아요. 4면을 랩으로 2~3회에 걸쳐 똘똘 말아서 완성해요.

★ 처음에는 실패한 것 같아도 2~3회 걸쳐 랩핑을 하면 단단하게 말리니 겁내지 마세요.

요즘 핫한 키토식
베이컨 에그머핀

머핀틀에 만들기 때문에 이름은 머핀이지만 실제로 밀가루는 들어가지 않는답니다. 베이컨, 달걀, 버터, 치즈가 들어가 적게 먹어도 포만감이 느껴져요. 베이컨과 치즈의 염도가 제품마다 다른 편이니 소금간은 꼭 조절하세요.

3개

요리시간
30분

재료

☐ 달걀 3개
☐ 베이컨 3줄
☐ 스트링치즈 1개
☐ 쪽파 1/2줄
☐ 버터 10g
☐ 소금 약간
☐ 후추 약간

도구

☐ 머핀틀
☐ 유산지컵

도시락

1

쪽파는 잘게 송송 썰어요.

2

머핀틀에 유산지컵을 넣고 베이컨을 둘러준 다음, 그 안에 달걀을 하나씩 깨 넣어요.

3

소금과 후추를 한 꼬집 정도씩 각각 넣어 간을 맞춰요.

4

스트링치즈와 버터를 3등분해서 달걀 위에 올리고 쪽파를 뿌려요.

5

오븐이나 에어프라이어에 넣고 200도로 15분 정도 구워 완성해요.

★ 정말 빵처럼 먹고 싶다면, 90초빵(302쪽 참고)을 미리 만들어서 유산지 바닥에 깔고 만들어 보세요.

KETO
RECIPE

7

외식처럼 분위기 좀 내볼까?
이색요리

1인분

요리시간
40분

비주얼은 헬 맛은 헤븐
샥슈카(에그인헬)

샥슈카는 빨간 토마토탕이 마치 지옥의 용암 같다고 해서 '에그인헬'이라고도 불려요. 원팬 요리라 설거짓거리가 적다는 것이 큰 장점이지요. 뜨끈하게 먹는 요리라서 추운 겨울에 자주 생각 난답니다. 토마토퓌레 대신 생크림을 넣어서 만들면 '에그인헤븐'이라고 부르는 요리가 된답니다.

이색요리

재료

- ☐ 달걀 3개
- ☐ 양파 1/2개
- ☐ 파프리카 1/2개
- ☐ 당근 1/4개
- ☐ 마늘 4개
- ☐ 토마토퓌레 400㎖
  - ★ 토마토퓌레는 무첨가 제품을
    사용해요.
- ☐ 버터 20g
- ☐ 소금 1/3숟가락
- ☐ 에리스리톨 1/3숟가락
- ☐ 슈레드 피자치즈 20g
- ☐ 파슬리가루 약간

양파, 당근, 파프리카는 다지고 마늘은 얇게 썰어요.

달군 프라이팬에 버터를 녹인 다음 마늘을 넣고 가볍게 볶다가 다진 양파, 당근, 파프리카를 넣어 볶아요.

2에 토마토퓌레와 소금, 에리스리톨을 넣고 잘 섞어 1분 정도 끓인 다음 뚜껑을 덮고 3~4분 정도 더 끓여요.

불을 약불로 줄이고 소스 위에 달걀을 조심스럽게 띄우듯 올려요. 그리고 다시 뚜껑을 닫고 5분 정도 익혀요.

★ 기호에 맞게 달걀을 익혀요.

달걀이 적당히 익었을 때 불을 끄고 슈레드 피자치즈를 올려 익힌 후, 파슬리가루를 뿌려 완성해요.

★ 파프리카파우더 같은 향신료를 곁들이면 좀 더 이국적인 맛을 느낄 수 있어요.

맛이 없을 수 없는 조합
토마토 달걀볶음

중국 대표 가정식 중 하나인 토마토 달걀볶음은 만들기 정말 쉽고 든든한 요리랍니다. 집에서 맛을 내려면 두 가지를 기억하세요. 충분한 양의 라드를 쓰는 것과 달걀에 밑간하기!

1인분

요리시간
30분

재료

□ 토마토 1개
□ 달걀 3개
□ 대파 1/4개
□ 마늘 1개
□ 라드 3숟가락
□ 간장 1숟가락
□ 소금 약간
□ 후추 약간

1 토마토는 한입 크기로 썰고, 대파와 마늘은 다져서 준비해요.

2 달걀은 잘 풀고 소금간을 해요.

3 팬에 라드를 듬뿍 올려서 녹인 다음, 파와 마늘을 넣어 1분 정도 볶고, 간장을 넣어 향을 내요.

4 토마토를 넣고 소금으로 간을 하며 1분간 가볍게 볶아요.

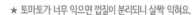

★ 토마토가 너무 익으면 껍질이 분리되니 살짝 익혀요.

5 살짝 익은 토마토는 접시에 따로 덜어두거나 팬의 한쪽으로 밀어놓은 다음, 달걀물을 부어 스크램블 하듯 살살 저어가며 익혀요.

6 달걀이 70% 정도 익었을 때, 토마토와 달걀을 섞고 1분간 볶은 뒤 후추를 뿌려 완성해요.

이색요리

부드럽고 고소한
연어 빠삐요뜨

연어는 키토식에 잘 맞는 해산물이지만, 외식으로 자주 먹기엔 가격이 만만치 않은데요. 연어를 다양한 채소와 함께 익혀서 먹으면 실패할 확률 제로이니 집에서 저렴하게 즐겨보세요. 종이포일이 그릇 역할을 해서 설거지도 쉽답니다.

만드는 법 ....

재료

- ☐ 연어 200g
- ☐ 양파 1개
- ☐ 마늘 4개
- ☐ 레몬 1/2개
- ☐ 당근 1/4개
- ☐ 버터 20g
- ☐ 올리브오일 1숟가락
- ☐ 소금 1/6숟가락
- ☐ 딜 약간

도구

- ☐ 종이포일

1

양파 1/2개는 동그랗게 썰고, 1/2개는 채 썰고 당근은 반달썰기 해요. 레몬과 마늘은 얇게 썰어요.

★ 연어와 곁들이는 채소는 가지, 브로콜리, 파프리카 등 식감이 단단한 채소를 활용하면 좋아요.

2

연어는 미리 소금과 올리브오일을 발라 30분 정도 마리네이드 해요.

3

종이포일을 넓게 펼치고 중앙에 동그랗게 썬 양파와 마늘을 올리고, 그 위에 연어를 가지런히 올려요.

4

연어 위에 레몬과 딜을 올리고, 당근, 채 썬 양파를 연어 위와 주변에 적당히 흩뿌려요.

5

소금을 뿌리고, 버터를 듬성듬성 올려요.

6

종이포일의 양 끝을 꼬아서 사탕모양으로 접어요.

★ 연어의 윗면이 완전히 덮이지 않으면 추가로 종이포일을 덮어요.

7

오븐에서는 230도로 30분, 에어프라이어에서는 220도로 20분 정도 조리해 완성해요.

이색요리

인팟 고기채소찜

채소를 다양하고 건강하게 섭취할 수 있는 방법에 대해 늘 고민하게 되는데요. 생채소가 가지고 있는 억센 식이섬유는 소화에 방해가 되는 단점이 있어 가급적 익혀 먹는 게 좋습니다. 익힌 채소의 물컹함이 싫다면 고압으로 2~3분 조리해 보세요. 물컹한 식감을 최대한 줄일 수 있어요.

1인분

요리시간
40분

만드는 법 ⋯⋯⋯⋯⋯⋯⋯⋯⋯⋯⋯⋯⋯⋯⋯⋯⋯⋯⋯⋯⋯⋯⋯⋯⋯⋯⋯⋯⋯⋯⋯⋯⋯⋯⋯⋯

재료

- ☐ 돼지목살 300g
- ☐ 양배추 100g
- ☐ 당근 1/4개
- ☐ 파프리카 1/2개
- ☐ 샐러리 1줄
- ☐ 소금 1/3숟가락
- ☐ 올리브오일 2숟가락

양념장 재료

- ☐ 간장 1숟가락
- ☐ 맛술 2숟가락
- ☐ 물 20㎖

도구

- ☐ 인스턴트팟

1

당근, 파프리카, 샐러리, 양배추는 한입 크기로 썰어요.

3

양념장 재료를 미리 섞어 양념장을 만들어 놓아요.

5

채소 위에 고기를 올린 뒤, 인스턴트팟 압력취사 고압으로 5분 조리하여 완성해요.

★ 만약 'Food Burn' 경고가 뜬다면 양념장 물의 양을 50㎖ 정도로 늘려요.
★ 인스턴트팟이 없다면 압력기능이 있는 솥으로도 충분히 만들 수 있어요. 이 레시피와 동일하게 압력솥으로 고기를 구운 다음, 채소를 넣고 양념장 물을 50㎖ 정도 넣어 가열하고 압력추가 올라온 뒤 2분 후에 조리를 마무리하면 됩니다.

2

인스턴트팟 내솥에 올리브오일을 두르고 소테 기능으로 돼지고기를 80% 정도 앞뒤가 노릇해질 때까지 구워요.

4

고기를 꺼낸 솥에 손질해둔 채소를 넣고 소금간을 한 뒤, 양념장을 골고루 둘러요.

이색요리

새우 해초샐러드

키토제닉 다이어트 시작 후 갑작스럽게 변비가 생겼다면 해초샐러드를 드셔 보세요. 시판 해초샐러드에는 설탕과 조미료가 감미되어 있기 때문에 생물 해초나 말린 해초샐러드를 직접 불려서 먹는 게 제일 좋지만, 번거롭다면 시판 샐러드를 살짝 헹궈서 먹어도 좋아요.

1인분

요리시간
30분

만드는 법 ....

재료

☐ 불린 샐러드용 해초 200g
☐ 칵테일새우 10마리
☐ 레몬 1/2개

드레싱 재료

☐ 올리브오일 6숟가락
☐ 식초 3숟가락
☐ 알룰로스 3숟가락
☐ 와사비 1/6숟가락
☐ 소금 1/3숟가락
☐ 후추 약간

물에 불린 해초는 꽉 짜서 물기를 제거해 준비해요.

새우는 가볍게 데친 다음 찬물에 헹군 뒤 물기를 제거해요.

드레싱 재료를 섞어 드레싱을 만들어요.

접시에 해초를 올린 후 듬성듬성 새우를 올려주고 드레싱을 뿌려요.

레몬즙을 둘러 완성해요.

★ 레몬즙은 생략 가능해요.

Doctor Lee's Keto Tip

키토식 하면 느끼함을 먼저 떠올리지만, 올리브오일과 채소의 조합은 전혀 느끼하지 않습니다. 샐러드는 육류에 편향되지 않도록 다양성을 맞춰주는 데 많은 도움이 됩니다.

1인분

요리시간
50분

지중해 분위기 물씬
광어세비체

저렴한 포장 횟집에서 1만 원이면 살 수 있는 광어회만 있으면 고급스러운 지중해 레스토랑 요리를 만들 수 있어요. 채소는 필수재료인 양파를 제외하고는 냉장고에 있는 어떤 채소든 사용 가능해요.

만드는 법 ···

재료

- □ 광어회 150g
- □ 양파 1/4개
- □ 파프리카 1/4개
- □ 토마토 1/2개
- □ 레몬즙 5숟가락
  - ★ 레몬이 없으면 식초를 활용해도
    괜찮아요.
- □ 식초 2숟가락
- □ 소금 1/6숟가락
- □ 알룰로스 1숟가락
- □ 허브 약간
- □ 올리브오일 3숟가락
- □ 후추 약간
  - ★ 허브는 고수, 샐러리, 딜 중에서
    취향껏 골라보세요.

한입 크기로 손질한 광어회에 레몬즙과
식초 1숟가락, 소금 1/6숟가락을 넣고 고
루 버무려 냉장고에서 30분 정도 숙성시
켜요.

★ 너무 오래 숙성시키면 산에 의해 생선살이 너무 익
  어버려요.

그릇에 다진 양파, 파프리카, 토마토를
담고 소금 1꼬집과 알룰로스, 식초 1숟가
락을 넣어 함께 버무려요.

양파를 비롯한 채소류는 모두 잘게 다져
서 준비해요.

3과 숙성된 광어회를 그릇에 담고 허브
를 올린 다음 올리브오일과 후추를 뿌려
완성해요.

지중해 느낌 좀 내볼까?

스페인 문어구이

마트에서 판매하는 자숙문어는 손질이 따로 필요 없어서 이런저런 요리로 활용
하기가 편리해요. 해초샐러드 토핑으로도 좋고, 문어감바스를 해 먹어도 좋지요.
조금 분위기 있는 요리가 필요할 때는 지중해 스타일의 문어 요리를 해보세요.

1인분

요리시간
40분

재료

□ 자숙문어 300g
□ 파프리카파우더 1숟가락
□ 마늘 3개
□ 방울토마토 5개
□ 올리브오일 4숟가락
□ 소금 약간
□ 후추 약간

1

자숙문어는 한 번 가볍게 물로 씻어낸 다음 겉면의 물기를 키친타월로 제거해요.

2

문어 겉면에 파프리카파우더를 골고루 묻혀서 15분 정도 두어요.

3

문어 겉면이 살짝 갈색빛이 돌 때까지 구워주면 됩니다.

프라이팬에 올리브오일을 넉넉하게 두른 뒤, 마늘을 넣어 향을 내고 중간불로 문어를 구워요.

★ 문어를 통으로 구우면 접시에 담았을 때 예쁘지만, 미리 한입 크기로 잘라서 구우면 굽기는 더 쉬워요.

4

방울토마토도 팬의 한쪽에서 가볍게 구워요.

5

접시에 담아서 소금을 취향껏 뿌려주고 후추를 뿌려 완성해요.

이색요리

261

1인분

요리시간
40분

환상의 궁합이란 이런 것!
육전과 초장겉절이

일반적인 전은 보통 밀가루를 한 겹 입혀서 만들기 때문에 보기보다 탄수화물 함량이 높은 편이에요. 밀가루를 입히지 않고도 부칠 수 있는 전 중에서 육전이 있는데요. 고기를 달걀물에 잠시 담가두면 달걀물이 고기에 살짝 배어 들어가기 때문에 만들기가 어렵지 않아요.

만드는 법 ....

재료

☐ 육전용 고기(우둔살 등) 300g
☐ 달걀 3개
☐ 맛술 3숟가락
☐ 라드 넉넉히
☐ 소금 약간
☐ 후추 약간
☐ 초장겉절이 적당량

　★ 210쪽을 참고하세요.

1

육전용 고기는 키친타월로 물기를 제거한 뒤, 후추를 살짝 뿌려 놓아요.

2

달걀에 소금을 넣고 잘 풀어준 다음, 맛술을 넣고 한 번 더 풀어요.

3

고기를 달걀물에 5분 정도 담가요.

4

팬에 라드를 두르고 고기를 한 장씩 꺼내서 부쳐요.

★ 기름이 부족하면 달걀옷이 쉽게 떨어지니 팬에 라드를 넉넉히 둘러요.

5

완성된 육전을 접시에 담고 초장겉절이를 곁들여 완성해요.

이보다 부드러운 요리는 없다

시금치 크림소스오믈렛

크림소스는 양식 소스의 기본 중 기본인데, 키토 식재료와도 정말 잘 어울려요. 이 요리에서는 오믈렛에 곁들였지만, 연어구이, 소고기스테이크, 닭고기 등에도 잘 어울린답니다. 소스로 활용할 때는 농도를 걸쭉하게 하는데, 묽게 만들면 파스타 소스로도 활용할 수 있답니다.

1인분

요리시간
40분

재료

☐ 시금치 150g
　★ 시금치는 가급적 포항초나
　　섬초가 아닌 일반 시금치를
　　구매하는 게 좋아요.

☐ 생크림 250㎖
☐ 버터 20g
☐ 다진 마늘 1숟가락
☐ 양파 1/2개
☐ 파마산치즈 1/2컵
☐ 소금 약간
☐ 후추 약간

오믈렛 재료

☐ 달걀 3개
☐ 버터 20g
☐ 소금 약간

시금치 손질
동영상 보기

1 시금치는 꼭지를 제거한 뒤, 소금을 넣은 끓는 물에 가볍게 데쳐서 물기를 꽉 짠 다음 적당한 크기로 잘라 준비해요. 양파는 다져요.

2 팬에 버터를 두른 다음 다진 마늘과 다진 양파를 먼저 볶다가 양파가 투명해지면 크림을 넣고 끓여요.

2에 시금치와 치즈를 넣어 한 번 더 끓인 다음 적당히 걸쭉한 농도로 졸여요.

달걀에 소금을 약간 넣어 풀어준 뒤, 팬에 버터를 녹여 달걀물을 붓고 오믈렛을 만들어요.

5 오믈렛 위에 3의 소스를 올리고 후추를 뿌려 완성해요.

Doctor Lee's Keto Tip

시금치, 근대, 배추 같은 잎채소는 훌륭한 키토 식재료입니다. 탄수화물 함량이 낮기 때문이에요. 특히 시금치는 칼륨이 풍부하답니다. 단, 콩팥 기능에 이상이 있는 분은 칼륨이 많은 음식 섭취에 제한이 따르니 의사와 상담하기를 권합니다.

계속 생각나는 그맛!
감바스알아히요

감바스알아히요의 메인 재료는 새우와 마늘이지만, 새우 외에도 문어
나 굴, 자숙꼬막 등의 다양한 해물을 넣어도 좋아요. 키토식에 잘 맞도
록 정통 감바스알아히요보다 채소를 조금 더 넣어서 최대한 빵 없이
오일을 먹을 수 있도록 레시피를 만들어 봤어요.

만드는 법 ···

재료

- □ 새우 200g
- □ 마늘 10개
- □ 느타리버섯 1컵
- □ 브로콜리 1컵
- □ 페페론치노 3개
- □ 올리브오일 1컵
- □ 그라나파다노치즈 약간
- □ 소금 약간
- □ 후추 약간

1 느타리버섯와 브로콜리는 한입 크기로 썰어요. 마늘은 깨끗하게 씻어 꼭지를 제거해요.

2 팬에 올리브오일을 두른 후, 마늘을 넣고 중불로 익혀요.

3 마늘이 노릇해지면 물기를 제거한 새우를 넣어요.

4 새우가 익으며 국물이 생기면 손질해 놓은 느타리버섯, 브로콜리, 페페론치노를 넣어요.

5 채소의 숨이 죽으면 소금으로 간을 맞추고 불을 끈 뒤, 후추와 치즈를 갈아서 뿌려 완성해요.

★ 건더기를 먹고 남은 오일과 육수에 두부면을 볶으면 두부면파스타가 되니 도전해 보세요.

이색요리

Doctor Lee's Keto Tip

키토식을 하면 장이 마늘에 예민해지기 쉽습니다. 마늘을 먹고 나면 장에 가스가 잘 차거나 위장이 예민해진다면 마늘을 빼고 감바스알아히요를 만들어 보세요.

KETO
RECIPE

8

가볍게! 스타일리시하게!
브런치

냉장고 속 채소 만능 활용법
자투리프리타타

냉장고 속 채소들이 시들어갈 때 만들면 딱 좋은 채소달걀찜이
라고 생각하고 만드시면 쉬워요. 레시피에 있는 채소가 아니라
도 시금치 대신 각종 잎채소나 당근, 버섯 등 냉장고에 있는 어
떤 채소를 넣어도 잘 어울리니 모험을 즐겨보세요!

1인분

요리시간
30분

만드는 법 ....

재료

☐ 달걀 4개

☐ 생크림 100㎖

☐ 버터 30g

☐ 베이컨 2줄

   ★ 베이컨 대신 대패삼겹살을
       넣어도 좋아요.

☐ 시금치 1줌

☐ 양파 1/2개

☐ 토마토 1/2개

☐ 소금 1/3숟가락

양파, 토마토, 베이컨은 잘게 썰고 시금
치는 3~4cm 길이로 썰어요.

달걀은 소금을 넣고 잘 풀어준 다음 생크
림을 넣고 한 번 더 풀어요.

★ 생크림이 없다면 물 50㎖(생크림 양의 절반)를 넣
어도 괜찮아요.

팬에 베이컨을 넣고 가볍게 익힌 뒤, 버
터를 두르고 양파를 함께 볶아요.

양파가 투명해지면 토마토, 시금치를 넣
고 가볍게 숨이 죽을 정도로만 볶아요.

불을 끄고 달걀물을 넣은 뒤, 가볍게 뒤
적여 고루 섞은 다음 뚜껑을 덮고 약불로
6분 정도 익혀요.

바닥과 옆면이 살짝 눌어붙으면 불을 끄
고 잔열로 속까지 익혀 완성해요.

1인분

요리시간
25분

하울의 아침식사
키토 하울정식

〈하울의 움직이는 성〉에 나오는 하울정식은 사실 그 자체로 '키토 프랜들리'
메뉴이지요. 재료만 살짝 바꾸어 키토 하울정식을 만들어 봤어요. 브런치로
먹기 딱 좋답니다. 멋내기용 치즈는 없어도 맛에 큰 영향을 주지 않아요.

재료

☐ 베이컨 3줄
☐ 달걀 2개
☐ 샐러드용 채소 100g
☐ 파르마지아노레지아노
　치즈 10g
☐ 후추 약간

도구

☐ 치즈 그라인더

약불로 달군 팬에 베이컨을 구워요.

베이컨을 구운 팬에 달걀프라이를 만들
어요.

★ 가염 베이컨인 경우 달걀에 소금간을 안 해도 괜찮
　아요.

달걀이 익는 동안 접시에 샐러드 채소를
올려요.

베이컨과 달걀을 담고 치즈 그라인더로
치즈를 가볍게 뿌린 다음 후추를 뿌려 완
성해요.

★ 버섯 크림스프(274쪽 참고)와 함께 먹으면 더욱
　든든해요.

진한 부드러움에 반하다
버섯 크림스프

양송이버섯은 온라인에서 구매하면 정말 저렴한데, kg단위로 판매해서 양이 많아요. 이럴 때는 버섯스프퓌레를 만들어서 냉동해 두면 언제고 3분 크림스프를 만들 수 있어요. 우유와 밀가루 없이 진짜 크림스프를 만들어 보세요.

2~3회분

요리시간
30분

만드는 법 ....

재료

☐ 양파 2개
☐ 양송이버섯 500g
☐ 버터 60g
☐ 생크림 500㎖
　★ 유제품을 제한하고 있다면 생크림
　　대신 동량의 코코넛밀크를 사용해
　　도 좋아요.
☐ 파슬리가루 약간
☐ 소금 1숟가락
☐ 후추 약간

1

양파는 잘게 썰고, 버섯은 한입 크기로
썰어요.

2

중불로 달군 팬에 버터를 녹인 후, 양파
를 투명해질 때까지 볶고 양송이버섯을
넣어 다시 볶아요.

3

2를 핸드블렌더로 입자가 거칠게 갈아요.

★ 오래 보관하려면 이 상태로 소분해서 냉동해요.

4

3에 생크림을 넣어 스프 제형을 만들어
끓여요.

★ 너무 되직하다면 취향에 맞춰 물을 추가해요.

5

소금으로 간을 맞추고 파슬리가루와 후
추를 뿌려 완성해요.

샐러드도 배부를 수 있다!
스테이크샐러드

샐러드로 영양과 포만감을 다 채우고 싶을 때는 스테이크샐러드만 한 게 없죠. 특히 고기가 마음에 안 들게 구워졌을 때, 샐러드 토핑으로 올려 먹으면 쌉싸름하면서 달큰한 잎채소의 맛과 고기의 감칠맛이 잘 어우러지면서 고기맛을 살리는 효과가 있답니다.

재료

- □ 소고기 300g
- □ 샐러드용 잎채소 200g
- □ 베이비 아스파라거스 5줄
- □ 미니 파프리카 1개
- □ 올리브오일 5숟가락
- □ 발사믹식초 2숟가락
- □ 소금 약간
- □ 후추 약간

1

아스파라거스는 어슷 썰고 파프리카는 한입 크기로 썰어요.

★ 아스파라거스의 길이가 긴 경우 2등분해요.

2

샐러드용 채소(양상추, 양배추, 로메인 등)는 세척 후 물기를 완전히 제거하고 손으로 찢어 준비해요.

3

스테이크는 취향에 맞는 굽기로 구워낸 다음, 먹기 좋은 크기로 썰어 준비해요.

4

아스파라거스와 파프리카는 스테이크를 구운 팬에 중불로 노릇하게 구워요.

5

그릇에 잎채소를 담고 소금과 발사믹식초, 올리브오일을 듬뿍 뿌려요.

★ 잎채소를 사서 반도 못 쓰고 자꾸 버리게 된다면 마트에서 판매하는 샐러드 믹스를 사용해 보세요.

6

5 위에 스테이크와 구운 아스파라거스, 파프리카를 올린 뒤 후추를 뿌려 완성해요.

Doctor Lee's Keto Tip

발사믹식초

오리지널 발사믹식초는 포도 원액을 12년 이상 숙성시켜 만든 식초예요. 숙성 기간이 길수록 가격이 비쌉니다. 그런데 발사믹식초의 맛과 풍미를 흉내낸 와인식초를 혼합한 제품도 시중에서 발사믹이라고 판매되고 있어요. 이 두 가지 형태의 발사믹(포도)식초는 괜찮지만, 캐러멜, 설탕, 전분 등이 들어간 발사믹식초 혹은 글레이즈 제품은 당이 높으니 피하셔야 합니다.

우아한 샐러드의 여왕

연어샐러드

요즘 온라인이나 마트에서 흔히 볼 수 있는 소포장 연어회를 저렴하게 사서
샐러드로 즐겨보세요. 브런치 레스토랑 부럽지 않은 고급스럽고 맛있는 연어
샐러드를 집에서 만들 수 있어요. 연어횟감을 사다가 집에서 썰어서 반은 샐
러드로, 반은 연어장으로 만들어도 좋아요.

1인분

요리시간
20분

만드는 법 ··

재료

- ☐ 연어회 120g
- ☐ 샐러드용 채소 300g
- ☐ 양파 1/4개
- ☐ 소금 1/3숟가락
- ☐ 식초 4숟가락
- ☐ 올리브오일 6숟가락
- ☐ 후추 약간

선택재료

- ☐ 무순 적당량

1 샐러드용 채소(양상추, 양배추, 로메인 등)는 세척 후 물기를 완전히 제거하고 손으로 찢어 준비해요.

2 양파는 얇게 채 썰어 차가운 물에 5분 정도 담갔다가 체에 밭쳐 물기를 제거해요.

3 샐러드용 접시에 채소를 올리고 소금과 식초를 섞어 드레싱으로 뿌려요.

4 연어 한 장 위에 양파를 약간 올리고 돌돌 말아 샐러드 위에 올리고 소금 약간과 올리브오일, 후추를 뿌려 완성해요.

★ 무순이 있다면 같이 말아도 좋아요.

279

토마토를 제대로 즐기는 법
카프레제샐러드

빠르고 간단하게 만들 수 있는 카프레제샐러드(토마토 치즈샐러드)는 든든한 한 끼로 충분하답니다. 잘 익은 완숙토마토로 만들면 상큼달달한 맛이 좋고, 4~5월 제철 짭짤이토마토로 만들면 색다른 별미가 됩니다.

재료

□ 토마토 1개
□ 모차렐라치즈 1덩어리(120g)
□ 바질 20g
□ 올리브오일 5숟가락
□ 발사믹식초 2숟가락
　★ 발사믹식초는 당이 없는 제품으로
　　고르세요.(277쪽 참고)
□ 소금 1/3숟가락
□ 후추 약간

토마토와 바질은 깨끗하게 세척한 후 물기를 제거해요.

토마토는 절반을 자른 상태에서 5mm 두께로 썰고, 모차렐라치즈도 토마토와 비슷한 크기로 잘라요.

토마토와 모차렐라치즈를 번갈아 포갠 상태로 접시 위에 올려요.

듬성듬성 바질잎을 올려요.

소금, 후추, 발사믹식초, 올리브오일을 골고루 뿌려서 완성해요.

오코노미야키인가? 피자인가?

양배추 달걀피자

오코노미야키와 피자의 중간 어디쯤의 정체가 다소 모호한 요리이지만 간편하고 맛이 좋아서 자주 해 먹는 메뉴예요. 피자치즈 대신 마요네즈와 가쓰오부시를 올리면 오코노미야키 같은 맛을 즐길 수도 있어요. 소스와 토핑재료를 다양하게 바꿔서 나만의 취향을 찾아보세요.

1인분

요리시간
30분

만드는 법 ·······

재료

☐ 양배추 1/8통(250g)
☐ 달걀 2개
☐ 베이컨 2줄
☐ 라구소스 3숟가락
　★ 40쪽을 참고하세요.
　★ 라구소스가 없다면 토마토퓌레 또는
　　저당 케첩을 사용해도 좋아요.
☐ 라드 2숟가락
☐ 블랙올리브 슬라이스 1숟가락
☐ 슈레드 피자치즈 70g
☐ 소금 1/3숟가락

1

양배추는 채 썰고 베이컨은 잘게 썰어요.

2

양배추와 달걀, 잘게 썬 베이컨을 넣고 소금으로 간을 맞춰요.

3

달군 팬에 라드를 두른 뒤 **2**를 넣고 한 면을 먼저 익혀요.

★ 중약불로 천천히 오래 익혀서 양배추의 수분이 최대한 날아가야 맛있어요.

4

익은 양배추를 뒤집은 다음 라구소스를 고르게 바르고 올리브 슬라이스를 골고루 올려요.

5

슈레드 피자치즈를 고르게 올린 뒤, 뚜껑을 덮고 중약불로 5분 이상 구워요.

★ 불이 너무 강하면 바닥은 타고 피자치즈는 다 녹지 않을 수 있으니 주의하세요.

6

슈레드 피자치즈를 녹여 완성해요.

오븐 없이 뚝딱!
제로또띠아피자

🍴 1인분　🍲 30분

제로또띠아는 밀가루 없는 또띠아 제품이에요. 제로
또띠아로 오븐 없이 가장 손쉽게 맛있는 피자를 만들
어 보세요. 피자뿐 아니라 퀘사디아, 타코 등도 만들
수 있답니다.

 만드는 법

재료

- ☐ 제로또띠아 1장
- ☐ 라구소스 4숟가락
- ☐ 슈레드 피자치즈 300g
- ☐ 바질 약간

1

제로또띠아 1장을 프라이팬 위에 올
려요.

2

라구소스를 또띠아 위에 고르게 펴
바르고 슈레드 피자치즈를 흩뿌려요.

★ 라구소스가 없다면 일반 토마토퓌레(무첨가
벨레다 토마토퓌레)와 베이컨 등을 토핑으로
올려서 만들어도 좋아요.

3

팬의 뚜껑을 덮고 피자치즈가 다 녹
을 때까지 약불로 가열해요.

★ 에어프라이어나 오븐으로도 조리할 수 있어요.

4

치즈가 다 녹은 상태에서 바질잎을
흩뿌려 올려준 뒤 완성해요.

주말 브런치로 딱이야!
크림치즈오이

🍴 1인분 🍲 25분

간단하게 만들 수 있지만 생각보다 포만감이 느껴지는 메뉴예요. 딜이나 파슬리는 없다면 넣지 않아도 괜찮아요. 소금, 후추와 크림치즈만으로도 충분히 맛있답니다.

🥄 만드는 법

재료

- ☐ 오이 1개
- ☐ 크림치즈 5숟가락
- ☐ 레몬즙 1/3숟가락
- ☐ 알룰로스 1/3숟가락
- ☐ 딜 2줄기
- ☐ 이탈리안파슬리 1줄기
- ☐ 소금 약간
- ☐ 후추 약간

1

딜과 이탈리안파슬리는 다져서 준비해요.

2

오이는 반으로 잘라 길게 갈라서 티스푼으로 씨를 긁어서 제거하고, 키친타월로 물기를 제거해요.

3

크림치즈에 레몬즙, 알룰로스, 다진 딜과 이탈리안파슬리, 소금, 후추를 넣고 잘 섞어요.

4

오이 씨를 긁어낸 자리에 3을 잘 채워 넣어 완성해요.

★ 90초빵을 만든 다음 반 갈라서 크림치즈오이를 넣으면 샌드위치로 먹을 수 있어요.

KETO
RECIPE

9

키토 음료와 디저트 시크릿 레시피
키토 홈카페

키토제닉 다이어트의 꽃
방탄커피

방탄커피는 내 입맛에 맞는 레시피를 찾는 게 가장 중요해요. 에스프레소, 드립 커피, 캡슐 커피, 인스턴트 가루 커피 등 모든 커피로 만들 수 있고, 가염버터, 무염버터, 기버터 등 다양한 버터로 만들 수 있죠. 여러 방법으로 만들어 보고 나만의 방탄커피를 찾아보세요. 감미료는 선택사항이며 권장하진 않습니다.

1인분

요리시간
10분

재료

☐ 커피 250㎖(1+1/4컵)

☐ 버터 20g(2숟가락)

　★ 코코넛오일 혹은 MCT오일을
　　사용해도 좋아요.

☐ 소금 1꼬집

　★ 가염버터를 사용한다면 생략할
　　수 있어요.

1

커피는 250㎖(액상 형태 기준) 내외로 뜨
겁게 준비해요.

2

버터는 20g을 계량해 넣어요.

★ 코코넛오일 혹은 MCT오일을 사용한다면 최소 1/3
　숟가락에서 최대 1숟가락까지 추가로 넣어요.

3

무염버터를
사용한다면 소금을
1꼬집 정도 넣어요.

준비된 재료를 블랜더 용기에 담고 핸드
블랜더 혹은 믹서기로 강하게 1분 이상
갈아 완성해요.

★ 강한 출력의 믹서기 혹은 핸드블랜더를 사용해야
　뽀얀 갈색의 부드러운 방탄커피를 만들 수 있어요.

Doctor Lee's Keto Tip

방탄커피는 빠르게 에너지를 공급해 주는 버터나 MCT오일, 그리고 대사율을 올려 지
방효율을 높여주는 커피의 조합으로 활력과 에너지를 불어넣어 주는 아이템입니다.
많은 키토인들에게 사랑받는 레시피이긴 하지만, 식사 대용으로 마시는 것은 추천하
지 않습니다. 특히 교감신경 활성이 높은 분들에게는 고효율의 MCT오일과 카페인 조
합이 부신피로를 증가시킬 수 있으므로 주의가 필요합니다.

쌉싸름함과 부드러움의 사이
방탄말차

 1인분　🍳 10분

말차의 쌉쌀한 맛을 좋아하는 분들을 위한 레시피예요. 말차파우더는 폴리페놀, 카테킨 등 항산화 물질이 풍부해서 늘 건강식품으로 꼽히는 식재료 중 하나지요. 커피 대신 마시기 좋고, 은근히 포만감도 높은 편이에요.

 ## 만드는 법

재료

☐ 물 200㎖(1컵)

☐ 생크림 50㎖(1/4컵)

☐ 말차파우더 15g(2숟가락)

☐ 버터 20g(2숟가락)

☐ 액상 알룰로스 적당량

1

블랜더용 용기에 끓는 물과 데운 생크림을 넣고, 버터와 말차파우더를 넣어요.

★ 유제품 대용으로 코코넛밀크를 사용해도 좋아요.

2

믹서기 혹은 핸드블랜더로 1분 정도 거품이 생기도록 갈아요.

3

말차의 쓴맛이 너무 강할 경우, 액상 알룰로스를 입맛에 맞게 넣어요.

달콤한 코코아가 생각날 때
코코넛밀크 핫초코

 1인분　🍲 10분

유제품 프리 식단을 하는 중인데, 뜨겁고 달콤한 핫초
코가 생각난다면 코코넛밀크 핫초코를 마셔 보세요.
유제품을 허용한다면 코코넛밀크 대신 생크림을 넣어
만들 수 있습니다.

🍳 만드는 법

재료

☐ 코코넛밀크 200㎖(1컵)

☐ 카카오파우더 10~20g
　(1~2숟가락)
　★ 100% 카카오파우더를 사용해 주세요.

☐ 에리스리톨 4g(1/2숟가락)

☐ 소금 1꼬집

선택재료

☐ 알룰로스 13g(1숟가락)

1

코코넛밀크를 컵에 담아 전자레인지
에 1분 30초 정도 데워요.

★ 끓어오르지 않도록 주의하세요.

2

데운 코코넛밀크에 카카오파우더를
넣은 다음, 에리스리톨과 소금을 넣
고 소형 거품기를 활용하여 잘 섞어
완성해요.

★ 단맛은 취향에 맞게 알룰로스로 조절하세요.

키토인의 만능 음료
애사비워터

애플사이다비니거는 줄여서 '애사비'라고 불러요. 식초는 혈당 조절, 다이어트에 도움을 주는 검증된 식품이랍니다. 특히 초모가 살아있어 유익한 성분을 추가로 공급받을 수 있어요. 무엇보다 애사비와 소금을 함께 먹으면, 여름철이나 운동 전후 수분 보충이 필요할 때, 그리고 키토플루를 예방하는 데 아주 유용합니다.

1인분

요리시간
5분

만드는 법 ··

재료

☐ 애플사이다비니거 15~30㎖
☐ 소금 1꼬집
☐ 생수 500㎖(3컵)

1

생수 500㎖ 기준으로 분량의 소금과 애플사이다비니거
를 잘 섞어 완성해요.

★ 공복에 조금씩 자주 물 대용으로 마시면 좋아요. 하루에 총 1ℓ 정도를
   권장합니다.
★ 애플사이다비니거 맛이 맞지 않아 힘들다면 레몬즙으로 대체해도 좋습
   니다.
★ 소금과 애플사이다비니거 양은 개인의 입맛에 맞춰 조금씩 가감하세요.

Doctor Lee's Keto Tip

키토식을 하는 과정에서 소화가 잘 안 되는 분들에게 강력히 추천하는 음료입니다. 하
루종일 천천히 조금씩 드시는 것을 가장 추천합니다. 공복에 마시면 속이 쓰린 경우에
는 애사비 양을 조절하세요. 그래도 부담스러울 때에는 식후에 주로 드시는 것이 좋습
니다.

생크림 키토푸딩

유제품 제한 식단을 하는 경우가 아니라면 키토식을 하면서 생크림을
마음껏 먹을 수 있죠. 덕분에 키토식에서는 우유푸딩보다 더 진하고
고소한 생크림푸딩을 만들어 먹을 수 있어요. 카카오파우더를 넣으면
초코푸딩으로도 즐길 수 있답니다.

4회분

**요리시간
30분**

만드는 법 ··

재료

☐ 생크림 400㎖(2컵)

☐ 판젤라틴 2장

☐ 에리스리톨 50g(6숟가락)

☐ 바닐라엑스트렉트 약간

선택재료

☐ 100% 카카오파우더 20g
  (2숟가락)

☐ 알룰로스 약간

1

판젤라틴은 물에 담아서 미리 불려요.

★ 가루 젤라틴의 경우 3g을 물 15㎖에 불려요.

2

물기가 없는 팬에 생크림과 에리스리톨을 넣은 다음 약불로 뭉근하게 온도를 올려줘요.

★ 100% 카카오파우더를 20g 넣으면 초코푸딩이 됩니다.

3

> 단단한 질감을 원하면 젤라틴의 양을 30% 정도 늘려 주세요.

크림이 끓어오르려고 할 때, 불을 끄고 바닐라엑스트렉트와 젤라틴을 넣고 부드럽게 저어서 완전히 녹여요.

★ 강한 단맛을 원한다면 알룰로스를 추가해 주세요.

4

약 100㎖의 용량의 용기에 각각 나눠서 담아요.

5

냉장고에 넣고 2~3시간 정도 굳혀 완성해요.

한없이 부드러운 디저트
팻밤

팻밤(Fat-bomb)은 단어 그대로 지방 폭탄이에요. 코코넛의 달콤한 향과 버터의 부드러운 식감, 코코아의 쌉싸름함이 조화를 이루어 입안에서 사르르 녹아요. 달콤함이 필요하면 감미료를 넣어서 만드세요. 카카오닙스나 아몬드슬라이드 등을 토핑으로 활용해도 좋아요.

만드는 법 ··

재료

- ☐ 코코넛오일 50g(1/3컵)
- ☐ 코코넛만나 50g(1/3컵)
  ★ 코코넛만나가 없다면 동량의
  코코넛오일을 추가하세요.
- ☐ 무염버터 50g(1/3컵)
- ☐ 소금 약간
- ☐ 알룰로스 또는 에리스리톨
  20g(2숟가락)
- ☐ 100% 코코아매스 20g(2숟가락)

도구

- ☐ 실리콘 틀

액체 코코넛오일에 코코넛만나를 넣고 중탕으로 데워서 잘 섞어요.

1에 무염버터와 소금을 넣고 다시 잘 녹여요.

★ 중탕 시 50도 이내의 온도를 유지해야 하고, 가염 버터 사용 시 소금을 넣지 않아도 됩니다.

2를 불에서 내린 다음, 알룰로스와 100% 카카오매스를 잘 섞어요.

★ 알룰로스와 카카오매스는 생략 가능해요.

실리콘 얼음틀에 부어서 실온에서 식힌 뒤, 냉동실에서 굳혀 완성해요.

★ 실리콘 틀이 없다면 평평한 유리그릇에 담아서 굳힌 다음 칼로 잘라도 됩니다.

고소한 키토식 와플
차플

밀가루 없이 와플을 만들어 먹을 수 있다는 사실을 아시나요? 이 메뉴를 바로 차플(Chaffle)이라고 불러요. 치즈와 와플을 조합한 이름입니다. 달걀과 치즈를 넣은 기본 차플도 맛있지만 양배추를 비롯한 채소나 아몬드가루, 코코넛플라워 등 다양한 재료를 응용해서 취향껏 즐겨 보세요. 키토식 이후, 쓸모가 없어진 와플팬이 있다면 꺼내서 활용해 보면 어떨까요?

1인분

요리시간
20분

만드는 법 ···

재료

☐ 달걀 1개

☐ 슈레드 피자치즈 120g

도구

☐ 와플팬

1

그릇에 슈레드 피자치즈를 담고 달걀을 깨서 잘 풀어요.

2

달군 와플팬(2구 기준) 위에 달걀물을 나눠서 담아요.

★ 와플팬 크기보다 작게 담아야 나중에 흘러넘치지 않아요.

3

> 불이 세면 타기 쉬우니 약불로 오래 구우세요.

약불로 1분마다 뒤집으면서 6~8분 정도 익혀 완성해요.

★ 샐러드를 곁들이면 가볍게 한 끼 브런치 식사로 좋아요.

키토카페

Plus Keto Cooking

양배추차플

☐ 달걀 1개   ☐ 슈레드 피자치즈 30g   ☐ 양배추 100g   ☐ 다진 대파 1숟가락   ☐ 소금 1/3숟가락

···

1 볼에 달걀과 소금을 넣고 잘 풀어요.
2 양배추와 치즈, 대파를 넣어서 뒤적거리며 섞어요.
3 달군 와플팬(2구 기준) 위에 달걀물을 나눠서 담아요.
4 약불로 1분마다 뒤집어주면서 총 6~8분 정도 익혀 완성해요.

담백함 또한 매력
구름빵

〈효리네 민박〉에 나왔던 구름빵이에요. 밀가루를 넣지 않아 키토식 레시피로 손색없는 아이템이랍니다. 재료가 간단하고, 만드는 법도 간단해요. 여러 개 만들어서 냉동시켰다가 해동해서 먹어도 맛있는 키토빵입니다.

재료

□ 달걀 1개
□ 크림치즈 30g
□ 에리스리톨 10g(2+1/2숟가락)
□ 베이킹파우더 5g(1/3숟가락)

1

달걀은 흰자와 노른자를 분리해요.

2

상온에 놓아 부드러워진 크림치즈를 볼에 넣고 주걱으로 잘 풀어요.

3

2에 달걀 노른자와 에리스리톨을 넣고 섞어 크림처럼 만들어요.

4

다른 볼에 달걀 흰자와 베이킹파우더를 넣고 핸드믹서 등을 이용해 머랭을 단단하게 만들어요.

★ 휘핑기 끝에 뾰족하게 뿔이 세워지면 반죽이 완성된 것입니다.

5

노른자가 있는 볼에 머랭을 한 국자 떠서 넣은 뒤 섞어요.

6

흰자 머랭에 노른자 반죽을 다 넣어 가르듯 섞어요.

7

오븐팬에 주걱으로 하나씩 떠서 둥글게 올려요.

8

오븐에 넣고 160도에서 15~20분 정도 구워 완성해요.

키토인의 대표 빵!
전자레인지 90초빵

🍴 1인분 🍲 10분

만들기 쉽고, 재료도 간단한데, 맛까지 괜찮아서 키토인들의 사랑을 듬뿍 받는 레시피입니다. 빵을 응용한 요리들을 할 때 빵 대신 활용하기 좋고, 단독으로 크림치즈를 발라 먹어도 괜찮아요.

 ## 만드는 법

재료

☐ 달걀 1개
☐ 코코넛플라워 10g(1숟가락)
  ★ 카카오파우더가 아닌 코코넛플라워
    (coconut flour)입니다! 아몬드가루로
    대체 가능해요.
☐ 베이킹소다 2g(1/5숟가락)
☐ 버터 10g(1숟가락)
  ★ 동량의 코코넛오일로 대체 가능해요.
☐ 소금 1꼬집

도구

☐ 지름이 큰 머그컵

머그컵에 버터를 담고 전자레인지에서 20초 정도 돌려 버터를 녹여요.

1에 달걀과 소금을 넣어 풀어준 다음, 코코넛플라워와 베이킹소다를 넣고 잘 섞어요.

전자레인지에 90초 돌려요. 이쑤시개로 찔렀다가 뺐을 때 아무것도 묻어나오지 않으면 완성이에요.

★ 냉장고에서 바로 꺼낸 차가운 달걀이라면 전자레인지에 돌리는 시간을 2분 정도로 늘려주세요.

못생겨도 맛은 고소해
땅콩버터 전자레인지 90초빵

🍴 1인분 🍲 10분

전자레인지 90초빵의 땅콩버터 버전이에요. 그동안 죄책감으로 고소한 땅콩버터를 양껏 못 드셨다면, 이제는 죄책감 없이 드세요.

🥣 만드는 법

재료

☐ 달걀 1개
☐ 땅콩버터 25g(2숟가락)
  ★ 100% 땅콩으로만 만들어진 제품을 고르세요.
☐ 베이킹소다 2g(1/5숟가락)
☐ 소금 1꼬집
☐ 알룰로스 10g(1숟가락)

도구

☐ 지름이 큰 머그컵

1 머그컵에 달걀과 소금을 넣어 잘 풀어준 다음, 땅콩버터를 수북하게 2숟가락 넣고 달걀과 잘 섞으며 풀어요.

2 베이킹소다와 알룰로스를 넣어 잘 섞어요.

3 전자레인지에 90초 돌려요. 이쑤시개로 찔렀다가 뺐을 때 아무것도 묻어 나오지 않으면 완성이에요.

★ 냉장고에서 바로 꺼낸 차가운 달걀의 경우, 전자레인지 돌리는 시간을 2분 정도로 늘리세요.

초간단 초스피드 초코빵

초코 전자레인지 90초빵

 1인분 🍳 10분

90초빵의 초코빵 버전이에요. 재료가 조금 늘어나긴 했지만, 만드는 방법은 90초빵과 동일해요. 카카오파우더 대신 말차파우더를 넣으면 말차 90초빵이 된답니다.

 만드는 법

재료

☐ 달걀 1개
☐ 100% 카카오파우더 10g(1숟가락)
☐ 베이킹소다 3g(1/4숟가락)
☐ 버터 10g(1숟가락)
　★ 동량의 코코넛오일로 대체 가능해요.
☐ 바닐라엑스트렉트 2방울
☐ 에리스리톨 10g(2+1/2숟가락)
☐ 소금 1꼬집

선택재료

☐ 알룰로스 20g(2숟가락)

도구

☐ 지름이 큰 머그컵

1

머그컵에 버터를 담고 전자레인지에서 20초 정도 돌려 버터를 녹여요.

2

머그컵에 달걀을 넣어 풀어준 다음, 바닐라엑스트렉트, 에리스리톨, 카카오파우더, 소금과 베이킹소다를 넣고 잘 섞어요.

★ 디저트로 먹고 싶다면 알룰로스 2숟가락을 추가해요.

3

전자레인지에 90초 돌려요. 이쑤시개로 찔렀다가 뺐을 때 아무것도 묻어나오지 않으면 완성이에요.

★ 냉장고에서 바로 꺼낸 차가운 달걀의 경우, 전자레인지 돌리는 시간을 2분 정도로 늘리세요.

촉촉하고 부드럽게
심플티라미수

 2개분 20분

정통 티라미수는 만들기 어렵지만, 비슷하게 맛만 느끼고자 한다면 정말 쉽게 만들 수 있어요. 오븐 없이, 전자레인지와 팔의 힘만으로도 만들 수 있는 티라미수이지만 맛은 상당히 좋아요.

 만드는 법

재료

- □ 90초빵 1개
  - ★ 302쪽을 참고하세요.
- □ 마스카포네치즈 250g
- □ 100% 카카오파우더 20g(2숟가락)
- □ 레몬즙 1/3숟가락
- □ 알룰로스 50g(5숟가락)
- □ 진한 커피 원액 50㎖(1/4컵)

1

밑면이 평평한 유리용기에 90초빵을 만들어서 꺼낸 뒤, 반으로 가른 다음 용기 바닥에 깔고 커피를 부어요.

2

마스카포네치즈에 알룰로스와 레몬즙을 넣고 거품기로 부드럽게 풀어요.

3

커피를 적신 빵(**1**) 위에 치즈 필링(**2**)을 담아요.

4

뚜껑을 닫고 냉장고에서 1시간 정도 굳힌 다음 먹기 직전 카카오파우더를 뿌려서 완성해요.

★ 마스카포네치즈 위에 카카오파우더만 뿌려 먹어도 티라미수의 풍미를 즐길 수 있어요.